中药材高质高效栽培技术

谭　芸◎主编

長江出版傳媒 湖北科学技术出版社

图书在版编目（CIP）数据

中药材高质高效栽培技术 / 谭芸主编 . — 武汉：湖北科学技术出版社，2022.8
ISBN 978-7-5706-2006-7

Ⅰ . ①中… Ⅱ . ①谭… Ⅲ . ①药用植物 — 栽培技术 Ⅳ . ① S567

中国版本图书馆 CIP 数据核字（2022）第 084321 号

中药材高质高效栽培技术
ZHONGYAOCAI GAOZHI GAOXIAO ZAIPEI JISHU

责任编辑：张波军　张娇燕　　　封面设计：曾雅明

出版发行：湖北科学技术出版社　　　电话：027-87679468
地　　址：武汉市雄楚大街 268 号　　　邮编：430070
（湖北出版文化城 B 座 13~14 层）
网　　址：http：//www.hbstp.com.cn

印　　刷：武汉科源印刷设计有限公司　　　邮编：430200

---

710 × 1000　　1/16　　12 印张　　106 千字
2022 年 8 月第 1 版　　2022 年 8 月第 1 次印刷
定　价：38.00 元

内 容 简 介

本书共七章：第一章为“绪论”；第二章为“中药材施肥技术”；第三章为“中药材病虫害绿色防控技术”；第四章为“中药材采收加工技术”；第五章为“中药材防灾减灾技术”；第六章为“中药材 GAP 实施技术”；第七章为“主要中药材栽培技术”。

本书可供中药材农业技术人员和中药材新型农业经营主体参考使用。

主编简介

谭芸，男，土家族，湖北省巴东县人，历任巴东县原农业局产业化股股长、巴东县农业农村局乡村振兴股股长、巴东县农业农村局药办主任，现为巴东县经济作物技术推广站农艺师，主要研究方向为茶叶、果树、中药材生产技术。在《植物》《科学与技术》等学术期刊发表论文3篇。主持的“巴东薄壳核桃优种选育推广”项目荣获巴东县科技进步二等奖。先后荣获巴东县“产业兴县”先进工作者、科技工作先进工作者、优秀科技工作者，恩施州“药交会”“硒博会”先进个人，恩施州优秀科技特派员，湖北省农业产业化工作先进个人、优秀科技特派员等称号，以及中国技术市场协会金桥奖。

《中药材高质高效栽培技术》

编 委 会

主　编　谭　芸

副主编　邹宗成　谭明东

编　委　（按姓氏笔画排序）

邓捍阳　卢海蛟　田丛春　向启雄

杨　辉　陈立辉　胡兴明　龚　钰

焦　华　雷　玲　谭贤勇　谭维洪

《中药材高质高效栽培技术》

顾问委员会

前言
PREFACE

中医药是中华民族的瑰宝，是我国优秀的文化遗产。在党和国家高度重视下，我国中医药事业取得了显著成就。中药材是中医药的重要组成部分，是中医防病治病的物质基础，在临床治疗等方面具有独特的优势。中药材也是中成药、中药饮片等中药工业的重要原料。中药材已从传统的医疗需求逐步走进寻常百姓家，成为日常健康养生的必备消费品。

中药材具有治病救人的功效，只有质量上乘，才能发挥它应有的作用。中药材突出的优良品质，是被中医药界推崇的核心因素。因此，中药材的生产需要以临床所需为出发点，坚守质量的生命线。近年来，中药材产业得到了迅速发展，但也出现了生产过程不规范导致质量下降等问题。同时，由于中药材生产具有农副产品的特点，产出过程长、影响因素多，自然环境、播种种植、田间管理、采收、加工、仓储等均会影响其质量，因此，需要进行过程管控以保证其质量，这也是本书的重要内容和出版的意义所在。

为推动中药材产业高质量发展，我们积极组织长期从事中药材科研、技术推广和生产的专业技术人员，编写了这本《中药材高质高效栽培技术》。本书在编写过程中得到了有关单位和部门的关心、支持和帮助，同时参考了一些相关专著、论文等文献资料，在此一并表示衷心感谢！

由于编者水平有限，加之编写时间仓促，书中难免存在疏漏和不当之处，恳请广大读者批评指正。

谭　芸

2022 年 2 月

目录
CONTENTS

第一章　绪论　/ 1

第一节　中药材的概念及生产意义　/ 1

第二节　中药材产业发展概况　/ 2

第三节　中药材产业发展存在的问题及对策　/ 3

第二章　中药材施肥技术　/ 5

第一节　中药材传统施肥技术　/ 5

第二节　测土配方施肥技术　/ 14

第三节　中药材水肥一体化技术　/ 20

第三章　中药材病虫害绿色防控技术　/ 27

第一节　中药材病虫害发生的原因　/ 27

第二节　中药材病虫害绿色防控及主要技术　/ 29

第四章　中药材采收加工技术　/ 37

第一节　中药材采收原则与方法　/ 37

第二节　中药材产地加工主要方法　/ 41

第五章　中药材防灾减灾技术　/ 46

第一节　中药材应对频繁降雨生产技术　/ 46

第二节　中药材应对低温冰冻生产技术　/ 49

第六章　中药材 GAP 实施技术　/ 54
第一节　GAP知识　/ 54
第二节　玄参GAP生产技术　/ 62
第三节　玄参GAP管理制度　/ 80
第七章　主要中药材栽培技术　/ 92
第一节　玄参栽培技术　/ 92
第二节　独活栽培技术　/ 99
第三节　木瓜栽培技术　/ 105
第四节　湖北贝母栽培技术　/ 114
第五节　大黄栽培技术　/ 121
第六节　天麻栽培技术　/ 129
第七节　党参栽培技术　/ 138
第八节　金银花栽培技术　/ 146
第九节　菊花栽培技术　/ 153
第十节　黄精栽培技术　/ 160
第十一节　续断栽培技术　/ 167
第十二节　竹节参栽培技术　/ 171
参 考 文 献　/ 179

第一章 绪　论

第一节　中药材的概念及生产意义

一、中药材的概念

（一）中药材的概念

中药材是中药产业的源头，是中医药事业传承和发展的物质基础，是未经加工或未制成成品的原生中药原料，是在我国传统医术指导下应用的原生药材，因具有防病治病副作用少、疗效好、使用安全等优点而备受人们的青睐，是中华民族防治疾病、康复保健、繁衍后代的重要法宝。

（二）道地药材的概念

道地药材是指经过中医临床长期应用优选出来的，产在特定地域，与其他地区所产同种中药材相比，品质和疗效更好，且质量稳定，具有较高知名度的中药材。

二、中药材的生产意义

中药材是关系国计民生的战略性资源。中药材生产具有重要意义。一是满足人们医疗保健的需要。中草药自古以来就是人们防病治病的重要法宝，对中华民族的繁荣昌盛做出了重要贡献。中药材使用方便、疗效可靠、副作用少，扎根于中华大地的各个角落。除防病治病外，中药材还有滋补保健、延年益寿的作用，深受广大群众欢迎。二是有益于经济发展。中药材生产对促进山区经济发展、农民增收致富和医药产业发展至关重要。

第二节　中药材产业发展概况

鄂西武陵山区位于武陵山脉东南端，地处大巴山脉、巫山山脉及武陵山脉交会处。在第四纪冰川期，由于秦岭、大巴山脉阻隔，冰川未能扩张到这里，武陵山区因而成为古生物的“避难所”。特殊的地理位置和复杂多变的地质地貌造就了武陵山区独特的区域小气候。武陵山区是华中地区植物特别是药用植物资源最丰富的地区。根据第四次全国中药资源普查数据，位于武陵山区的恩施土家族苗族自治州（以下简称“恩施”）植物类药材有 186 科 854 属 2 088 种，动物类药材有 86 种；药用植物种类占全省药用植物种类的 76%，占全国药用植物种类的 18.7%；常年种植、采收的药材有 300 多种，采收量居全省各市（区、县）之首。

素有“植物乐园”“华中药库”“鄂西林海”之美誉的恩施，由于独特的地理、气候条件，加上人口稀疏以及工业欠发达，具有优良的生态环境，空气环境质量、土壤环境质量、水源环境质量经检测均符合《中药材生产质量管理规范》（GAP）所规定的产地生态环境质量标准要求，种植有巴东玄参、巴东独活、皱皮木瓜、紫油厚朴、大叶三七、鸡爪黄连、“鸡腿白术”、“马蹄大黄”、板桥党参、天麻、神龙香菊等多种道地药材。

巴东县位于武陵山区腹地，长江、清江穿境而过，属于“华中药库”“世界硒都”核心地区，生态环境优良，中药材资源丰富、栽培历史悠久，道地药材品质优良，全县中药材品种有 1 200 多种，是全国中药材主产区之一。2021 年，巴东县中药材面积 25.3 万亩[1]，产量 4.8 万 t，产值 5.1 亿元，成为全县农民增收致富的主导产业。巴东玄参被认定为国家地理标志保护产品，为湖北省道地药材“一县一品”优势品种，《中药材生产质量管理规范》种植试验示范通过国家认证，巴东县今大药业有限公司生产的“道仙”牌玄参获“湖北省名牌产

[1] 1 亩≈ 667m^2。

品”称号。巴东县中药材行业协会申报的“巴东独活”国家地理标志证明商标通过原国家工商行政管理总局商标局核准注册。时珍堂巴东药业有限公司开发生产中药饮片400多个品种，获国家《药品生产质量管理规范》（GMP）认证。2020年，巴东县委、县政府明确提出奋力打造湖北省生物医药全产业链发展示范区。

第三节　中药材产业发展存在的问题及对策

一、中药材产业发展存在的问题

（一）生产管理和质量控制体系不健全

在中药材生产过程中存在种植不规范、管理粗放、标准化程度低、质量追溯体系不健全等问题。

（二）科技支撑体系不健全

武陵山区中药材种植面积较大，但从事中药材规范化种植研究的科技型、规模化生产企业数量不多，多数为农户单家独户地种植。由于没有形成健全的技术推广体系，仅靠少数从事规范化种植研究的专家对基地技术人员和农户进行培训指导，难以满足中药材产业高质量发展的需要。

（三）市场主体带动能力不强

武陵山区中药材生产企业普遍规模小、实力弱，与农户关联不紧，仍处于“就资源卖原料”的状态，产品档次低，缺乏精深加工及高附加值产品，因而企业效益低，竞争力不强，扛不住市场风险。

二、中药材产业发展的对策

“药材好，药才好。”中药材是中医药事业传承和发展的物质基础，与大部分农作物侧重于产量不同，中药材产业上联农业、下联医药，以药性、药效为核心，追求品质、质量与产量的平衡。因此，中药材产业需要独具特色的发展方向和思路，坚持“有序、安全、有效”的发展目标和“补齐短板、夯实基础、建立队伍、融合发展”的发展原则，以科技创新驱动中药材生产实现“产地道地化、种源良种化、种植生态化、生产机械化、产业信息化、经营品牌化、发展集约化、管理法制化”，推动中药材产业高质高效发展。

（一）科学规划布局，突出优势品种，做优道地药材基地

以市场为导向，以科技为依托，从道地药材生产的历史性、自然气候的适宜性、经济条件的合理性、技术条件的可行性等方面综合权衡，选准重点品种，逐步向布局区域化、生产专业化发展。

（二）着力企业培育，强化科技支撑，做强药业品牌

推行“政府引导、市场主导、企业主体、农民参与、部门服务、科技支撑”产业发展机制。一是实施龙头带动战略。采取招商引资、兼并重组、整合资源等措施，选取 1~3 个有潜力、有作为的中药材生产企业重点扶持，在产品研发、技改升级、品牌打造、市场开拓等方面给予全方位的指导和帮扶，使其成长为行业龙头企业。二是完善经营机制。大力推广“企业 + 合作社 + 基地 + 农户”的生产经营模式，培育一批“绿色 + 道地”中药材生产骨干企业，建立标准化 GAP 生产基地。三是充分利用“富硒”优势，打造巴东玄参、巴东独活、巴东皱皮木瓜等具有县域特色的道地药材品牌，引导企业争创驰名商标、特色品牌，提升综合竞争力。四是突出科技创新，做活特色文章，推进融合发展。

（三）强化平台建设，创优营商环境，做实监管服务

一是严把种子、种苗关，严格技术标准，严格农业投入品管理，确保基地建设质量。二是建立健全中药材科技推广服务体系，打造多层次的科技服务平台。三是加快线上线下交易平台建设，畅通市场信息。四是进一步营造尊商、爱商、护商的良好氛围，吸引实力雄厚、带动能力强的中药材种植、研发、加工企业投资兴业。

第二章　中药材施肥技术

第一节　中药材传统施肥技术

要保障中药材的质量与产量，必须以合理、正确的栽培技术为依托，其中科学的施肥技术十分重要。施肥不仅影响到药材的产量，还影响到药材的品质，如生物碱、挥发油等有效成分的含量等。此外，肥料施用不当会严重破坏土壤结构，导致土壤肥力下降。因此，中药材施肥必须考虑药材品种特性，各种肥料的性能与特点，施肥的时间、季节，施用方法以及土壤、环境等因素，采用适宜的施肥技术，严格按照操作要求进行施肥，这样才能在保障中药材高产的同时，确保药材质量“安全、有效”。

一、中药材生长所需的主要营养元素及其作用

中药材生长所需的矿质营养，主要从土壤中获得。其中，氮、磷、钾等元素需要量较大，称为“常量元素”；硼、钼、锌、铜、锰、铁等元素需要量甚微，称为“微量元素”。虽然中药材生长对这些元素的需要量不一，但它们都是不可缺少的，也是不能相互代替的。

（一）氮

氮是构成蛋白质的重要元素，而蛋白质又是原生质的重要组成成分，氮还是与药用植物新陈代谢有关的酶、维生素、叶绿素及核酸等不可缺少的成分。氮对药用植物体内生物碱、苷类和维生素等的形成与积累起着重要作用。氮素缺乏将

降低药材的品质。当氮素过多时，蛋白质含量增加，碳水化合物含量降低，碳、氮比例失调容易使植物茎叶徒长而发生倒伏，抗病虫害的能力降低。对全草类和叶类中草药，特别是含生物碱类中草药如藿香等，适当增施氮肥有助于提升产量和品质；贝母总生物碱的含量随着氮的增减而增减。

（二）磷

磷是核酸、核蛋白和磷脂的重要组成成分。磷能促进药用植物的生长，缩短生长期，使植物提早开花结果，提高果实和种子的产量和品质，增强植物的抗寒、抗旱和抗病虫害能力。植物缺磷时，代谢受到抑制，叶片瘦小，呈暗绿色，缺乏光泽；严重时叶边缘有红紫色或铜青色斑点，植物生长迟缓，产量低，质量差。对于吴茱萸、山楂、木瓜、决明子等果实、种子类药用植物，增施磷肥可提高产量和品质；对于留种药园，增施磷肥能使种子积累较多激素，有利于苗期的植物生长。

（三）钾

钾直接参与植物的代谢过程，绝大部分存在于植物细胞液中，少量被吸附在原生质表面，微量呈不可代换态存在于原生质的线粒体中。钾能提高植物光合作用的强度，促进碳水化合物的合成、运转；钾还能调节气孔的运动，促进氮的吸收，强化蛋白酶的活性，加速蛋白质的合成；对于含淀粉较多的中草药，增施钾肥能提高产量和品质；钾还能促进植物茎秆维管束的发育，使厚角组织增厚、韧皮部变粗，使茎秆变得坚韧，增强抗倒伏、抗病虫害能力。此外，钾还能提高植物的抗逆性，提高抗寒和抗旱能力。对玄参、独活、党参、黄连、黄精等根类药用植物增施钾肥有利于提高药材产量和品质。植物缺钾时，叶尖和叶边缘枯焦，叶中还会出现褐色的坏死组织斑点，这种症状是从老叶或植株下部叶片开始的，因为钾的再利用程度大，当钾不足时，老组织中的钾可转移到幼嫩组织中去；如果植物严重缺钾，嫩叶也会出现此症状。植物缺钾会导致根系发育不良，根细弱，常呈褐色；在氮素充足时，缺钾的双子叶植物的叶子常卷曲而显皱纹，缺钾的禾本科植物则茎秆柔软易倒伏，而且抽穗不整齐。

（四）硼

硼能促进植物体内碳水化合物的运转，改善糖类代谢，促进有机质的积累。硼还能增强根瘤菌的固氮能力，促进根系发育。植物缺硼时，根系发育不良，根瘤菌固氮能力降低，花的受精率受到影响，结实率降低。

（五）钼

钼与生物固氮作用有密切关系，根瘤菌和自生固氮菌在固氮过程中均需微量的钼。钼是硝酸还原酶和固氮酶的组成成分，能促进植物体内硝态氮还原为铵态氮。植物缺钼会导致植株矮小、生长缓慢，叶片失绿，且有大小不一的黄色或橙色斑点；植物严重缺钼时，叶缘萎蔫并向上卷曲呈杯状，老叶变厚、焦枯，直至死亡。

（六）锌

锌能调节植物体内氧化还原作用，促进呼吸作用和生长素的形成；锌还可增强植物的抗逆性，增加籽粒重量，改变籽实与茎秆的比例。植物缺锌时，脱氢酶的活性会受到抑制，影响碳酸酐酶的组成和生长素的形成，使呼吸作用减弱，植物生长受到抑制，甚至处于停滞状态。

（七）铜

铜是植物体内氧化酶的组成成分，能提高呼吸强度，有利于光合作用，并能增强抗病害的能力。植物缺铜初期，叶片生长缓慢，顶端逐渐变白，症状从叶尖开始出现，随之出现枯斑，最后死亡脱落；严重时顶端枯萎，节间缩短，主茎丧失顶端优势，而分蘖明显增加，呈丛状。植物缺铜时，生殖生长会受到影响，繁殖器官发育受阻，裂果或不能结实。

（八）锰

锰是形成叶绿素和维持叶绿素正常结构的必需元素，也是一些磷酸转移酶和三羧酸循环中异柠檬酸脱氢酶、苹果酸脱氢酶等的活化剂，因此，锰与光合和呼吸作用密切相关。植物缺锰一般表现为新叶叶脉间褪绿黄化，但叶脉仍保持绿色，叶脉间褪绿的程度通常较浅。

（九）铁

铁是形成叶绿素的必需元素。植物缺铁时的症状与缺镁时相似，不同的是新叶叶脉间先黄化，叶脉仍为绿色，继而发展至整个叶片发白、发黄。

（十）镁

镁是绿色药用植物不可缺少的元素，叶绿素 a 和叶绿素 b 中均含有镁，镁对植物进行光合作用具有重要意义。镁是许多酶的活化剂，能加强酶促反应，因此，其对于促进碳水化合物的代谢和植物体的呼吸作用均起着重要作用。镁与植物体内磷酸盐的运转有密切关系。镁离子既能激发许多磷酸转移酶的活性，也可作为磷酸的载体促进磷酸盐在植物体内运转，并以植酸盐的形式储藏在种子内。镁参与氮的代谢作用，可以促进脂肪的合成，还能促进植物合成维生素 A 和维生素 C，有利于提高中药材的品质。植物缺镁时，老叶叶脉间先发生黄化，逐渐蔓延至上部新叶，叶肉呈黄色，叶脉仍为绿色，叶脉间出现各种色斑；缺镁严重时叶尖坏死，叶片早衰或脱落。在砂质土壤、酸性土壤、钾离子和铵根离子含量较高的土壤中，植物容易出现缺镁现象。

二、合理施肥的原则

（一）总体原则

1. 有机肥料为主，化学肥料为辅

在施用有机肥的基础上施用化肥，不仅能够取长补短、缓急相济，不断提高土壤肥力，还能提高化肥利用率，消除单独施用化肥的弊端。

2. 基肥为主，追肥配合

施用基肥，能持续为中药材生长提供主要养分，改善土壤结构，提高土壤肥力。因此，基肥用量要足，一般应占施肥总量的一半以上；要以长效的有机肥料为主，配合施用化肥。为了满足植物幼苗期或某一时期对养分的大量需要，在施足基肥的基础上，还应用速效肥料进行追肥。

3. 氮肥为主，磷、钾肥配合

在药用植物体内，氮的总量为干物质的0.3% ~ 0.5%，磷的总量次之，钾则更少。植物所需的氮素一般较多，而土壤中的氮素含量难以满足植物生长所需。因此，在植物整个生长期都要注意施用氮肥，在植物生长前期增施氮肥尤为重要。豆科植物由于有根瘤菌帮助固氮，一般可以少施或不施氮肥。在施用氮肥的同时，应视药用植物种类和生长阶段，配合施用磷、钾肥，如以少量速效磷肥作种肥施用，可以促进根系发育以及禾本科植物分蘖；对种用药用植物在开花前追施磷肥，可以使种子积累更多激素，提高种子产量；在密植药园配合施用钾肥，能促使茎秆粗壮，防止倒伏；用富含钾元素的草木灰拌种播种、幼苗蘸根移栽，可起到消毒杀菌、增强抗逆性的作用。

4. 禁用垃圾肥料

施用的肥料不能含有重金属、病菌、虫卵等有毒有害物质。

（二）基本原则

1. 看种施肥

不同品种的中药材、同一品种中药材的不同生长阶段，所需养分的种类、数量以及对养分的吸收强度也不相同。通常对于多年生中药材，特别是根茎类药用植物，如木瓜、大黄、党参、牛膝、黄连、竹节参等，以施用充分腐熟的有机肥为主，配合施用磷、钾肥，以满足整个生长周期对养分的需要；对于全草类中药材，可适当增施氮肥；对于花、果实、种子类中药材，则应多施磷、钾肥。在中药材不同的生长阶段，施肥量也应不同：生长前期，多施氮肥，施用量要少，浓度要低；生长中期，氮肥的施用量应适当增加，浓度应适当提高；生长后期，多施用磷、钾肥，促使果实成熟、种子饱满、根茎膨大。

2. 看天施肥

中药材的生长离不开光照、温度，但不同品种的中药材对光照强弱、照射时间长短的需求也不同。药材需要的是药效成分而不是营养成分，药效成分是在特定的气候环境中积累的，如七叶一枝花、天麻、黄连等在凉爽、潮湿的环境中生长良好，药效成分才能形成，而木瓜、玄参、独活等则喜光照。药用植物有生长的最高温度、最适温度和最低温度，地温在药材生长最适温度内的时间越长，越有利于此种药材的生长；当地温高于药材生长最高温度或低于药材生长最低温度，药材不能生长甚至死亡。根据对温度的要求，药材大体上可分为热带型、亚热带型、温带型和冷凉型四种。比如，神农香菊、独活在冷凉的环境中生长良好，药效成分便于形成，而木瓜、百合则喜温暖的环境。

在低温的季节或地区，最好施用腐熟的有机肥，以提高地力和保墒，而且肥料要早施、深施，以充分发挥肥效；速效氮肥、磷肥和腐熟的有机肥一起作为基肥、种肥和追肥施用，有利于幼苗早发、茁壮生长。在高温、多雨季节或地区，肥料分解快，植物吸收能力强，应施足基肥，追肥不宜施得过早，应少量多次施肥，以减少养分损失，提高肥料利用率。在干旱的季节或地区，合理施肥应与浇水抗旱同时进行。

3. 看地施肥

对于中药材种植，强化环境保护很重要，需要优选种植地。一些地区由于长期或大量施用化肥农药，土壤板结、透气性差，存在农药残留超标与重金属污染等问题。此外，很多中药材不能在一块地里重茬种植，如竹节参、玄参、独活、大黄等，种一次后，至少5年内这块地里都不能再种此种药材。实践证明，在一块地里栽培某一种药材后，其土壤结构、有机质、营养元素比例，以及该种中药材在土壤中的分泌物与留存的病原物等均会发生变化，导致下一茬该种中药材生长不良，产量、品质下降，病虫害发生严重甚至绝收。所以，为保障中药材质量，采用生态种植、野生抚育、仿野生栽培等生态化种植模式势在必行。

（1）沙土。沙土通气透水，春季土壤温度上升快，宜发芽出苗，但保肥力差，易受干旱影响，本身养分少，是发小苗而不发老苗的土壤。要重施有机肥，如厩肥、堆肥、绿肥、土杂肥等，并掺加黏土，增厚土层，加强其保肥能力。追肥应少量多次施用，避免一次使用过多而养分散失。在沙土上施用磷肥及微量元素肥料，效果很好。

（2）黏土。黏土有较高的保水、保肥能力，含药用植物所需养分较多，但通气透水性差。应多施有机肥，加施沙子、炉灰渣等进行改良，以蓬松泥土，增加土壤的通气透水性，并将速效性肥料作为种肥和早期追肥，以利提苗发棵。

（3）壤土。壤土含大小颗粒，空隙适中，排水和涵水性能适中，通气、透水，保水、保肥。优良的壤土含有高达50%的空隙，内含水和空气各半，其他为比例适当的碎石、沙砾和黏土，还含有大量的腐殖质。壤土能吸收5倍的水，还能抓住矿物质，钙、铜、锌、锰、钴等矿质营养不会轻易被水冲走。此类土壤施肥应有机肥和无机肥相结合，依据栽培品种各生长阶段对肥料的需求合理施用。

4. 看肥施肥

1）有机肥料

又称“农家肥料”，一般作为基肥，如饼肥、绿肥等。其来源广泛，含有大量氮、磷、钾及其他营养元素，长期施用能改良土壤，形成团粒结构，提高土壤的保肥、保水能力及通气性，对多年生及根和根茎类中药材如大黄、山药、竹节参、玄参、独活等施用效果较好。

（1）饼肥。饼肥对中药材的品质提升有较好的效果，腐熟的饼肥可适当多施。一般高氮油饼不含有毒物质，作为肥料只要粉碎就能施用。含氮量低的油饼（如菜籽饼、茶子饼、桐子饼、蓖麻饼、花椒干饼等），常含有皂素或其他有毒物质，用作肥料时须先经发酵，清除毒素。

（2）人畜粪尿。人畜粪尿必须要经过贮存腐熟后才适当施用。严禁在中药材种植中使用未经腐熟的人畜粪尿，其原因如下：一是新鲜人畜粪尿含多种病菌病毒；二是新鲜人畜粪尿难以被植物吸收利用，且不易为土壤所保蓄；三是新鲜人畜粪尿所含盐分和养分浓度过高，会使土壤养分分布不均匀而影响植物的生长。

（3）绿肥。绿肥是中药材间作套种和轮作的理想肥料，对中药材的品质提升有很好的效果。目前已栽培利用和可供栽培利用的绿肥植物有200余种，是中药材GAP种植中有待开发利用的重要天然肥源。可利用冬闲田栽培紫云英、苜蓿以及蚕豆、豌豆和油菜等作为药用植物的肥源。施用绿肥能够大大增加土壤中氮、磷、钾等有机质和微量元素。一般来说，1 000 kg的绿肥，可以产生氮素6.3 kg、磷素1.3 kg，以及含量可观的其他营养元素，不用担心施用过多而出现损害土壤的情况，它在腐蚀过程中会使土壤气孔增多，可以让更多土壤微生物种类繁衍，从而更好地改良土壤。豆科的绿肥对于固氮有明显的效果，可以直接提高中药材产量和品质，还可以有效减少中药材的连作障碍，减少病虫害发生。

（4）秆肥。农作物秸秆含有相当数量为药用作物所必需的营养元素，在适宜条件下通过土壤微生物分解或牲畜消化的作用，可使营养元素返回土壤，被植物吸收利用，称作“秸秆还田”。秸秆还田可采取堆沤还田、过腹还田（牲畜粪尿）、直接翻压还田、覆盖还田等多种形式。操作时，秸秆要直接翻入土中，注意与土壤充分混合，不要产生根系架空现象，并加入富含氮素的腐熟人畜粪尿，也可用一些氮素化肥，以调节还田后的碳、氮比例。

（5）微生物肥料。微生物肥料是用特定微生物菌种培养生产的具有活性的微生物制剂，具有无毒无害、不污染环境的优点，对减少中药材硝酸盐含量，提高中药材品质有明显效果，可用于拌种或作为基肥、追肥使用。要注意的是，正确施用微生物肥料才能发挥其肥效。一是禁止与化肥、农药混用；二是要与所施用地区的土壤、环境条件相适宜。微生物肥料在土壤持水量在 30% 以上、土壤温度为 10 ~ 38 ℃、pH 值为 5.5 ~ 8.5 的土壤条件下均可施用，但不同微生物具有不同的生态适应能力，因而微生物肥料在推广前，要进行科学的田间试验，以确定其肥效。三是避免在高温干旱时施用，在高温干旱条件下，微生物的生存和繁殖会受到影响，不能发挥良好的作用，应选择阴天或晴天的傍晚施用这类肥料，并结合盖土、盖腐熟有机肥、浇水等措施，避免微生物肥料受阳光直射或因水分不足而难以发挥作用。此外，根瘤菌、菌根菌肥料等对宿主有很强的专一性，使用时应予考虑。

（6）叶面用肥。叶面（根外）用肥是喷施于植物叶片并能被其吸收利用的肥料，可含少量天然的植物生长调节剂（不得使用化学合成的植物生长调节剂）。一般是由天然有机物提取液或接种有益菌类的发酵液配以维生素、藻类、氨基酸等营养元素制成，也有一些是微量元素肥料。可施用 1 次或多次，但最后一次须在收获前 30 天喷施。

2）化学肥料

这类肥料仅含 1 种或 2 种无机肥有效成分，有效养分高，肥效快，一般作为追肥。这类肥料单独施用易造成土壤板结，应与有机肥配合施用，推进化肥、农药减量增效，让土壤处于健康状态。

3）微量元素肥料

如硼酸、硫酸锌、硫酸铜等，多用来浸种或根外喷肥。使用此类肥料要注意选择合适的浓度和用量，在确保肥效和药材品质的情况下，可结合病虫害防治，将肥料与农药混合喷施。

三、施肥的主要方法

1. 撒施

撒施是施用基肥的常用方法。一般是在翻耕前将腐熟的有机肥料与化肥混合均匀撒施于地面，然后翻入土中。

2. 条施或穴施

在药用植物播种或移栽前结合整地做畦，或在生长期结合中耕除草，采取开沟或开穴的方法施入肥料。这种方法施肥集中，用肥经济，但对肥料要求较高，有机肥需要充分腐熟，与化肥混合均匀施用。

3. 追肥

追肥以速效性肥料为主，结合降水施用。为了及时而充分地满足中药材各生长阶段对养分的需要，必须在其生长的不同时期，分期、分批施用。多年生中药材常于返青、分蘖、现蕾、开花等时期施用。以种子和果实为药的中药材，在蕾期和花期追肥为好。以根、根茎、鳞茎为药的中药材，在地下部开始膨大时追肥为好。一年多次收获的中药材应在每次收获后及时追肥为好。追肥时应留意肥料的品种、浓度和用量，应与植株保持适当的距离，避免引起肥害。

4. 根外用肥

在药用植物生长期间，将无机肥料、微量元素肥料等的稀释溶液用喷雾器喷洒在植物的叶面上的施肥方法，称为“根外用肥”。此法所需肥料很少，肥效及时。常用的根外追肥有尿素，以及磷酸二氢钾、硼酸等化学物质。喷施时间，以无风的清晨或傍晚为宜，施用浓度必须适当，如用尿素，浓度为 0.2%～0.25%；如用磷酸二氢钾，浓度以 0.15%～0.2% 为宜。

5. 拌种、浸种、浸根、蘸根

在播种或移栽时，用少量的腐熟有机、无机混合肥料拌种，或配成溶液浸种、浸根、蘸根，可以满足植物初期生长的营养需要，发苗效果好。常用作种肥的肥料有微生物肥、微量元素肥、腐殖酸类肥以及沼液、草木灰等。

由于肥料与种子或根部直接接触或十分接近，所以在选择肥料和决定用法时，必须预防肥料对种子可能产生的腐蚀、灼烧和毒害作用。一是浓度过大的溶液或强酸、强碱以及会产生高温的肥料，如氨水、石灰氮和未经腐熟的有机肥料，均不宜作种肥施用。二是有毒害作用的肥料如尿素，在农作物生产过程中，常生成少量的缩二脲，该物质的含量超过 2% 就会对种子和幼苗产生毒害。另外，含氮量高的尿素分子也会透入种子的蛋白质分子结构中，使蛋白质变性，影响种子发芽。三是含有害离子的肥料，一类是氯化钾、氯化铵，此类化肥含有氯离子，施入后会产生水溶性的氯化物，对种子发芽和幼苗生长不利；另一类是硝酸铵、硝酸钾，因含有硝酸根离子，对种子发芽影响很大。四是有腐蚀作用的肥料，如碳酸氢铵和过磷酸钙，若用此类化肥作为中药材种植时的种肥，对种子和幼苗都会产生腐蚀。

实践证明，腐熟有机肥与化肥混合施用效果好，但不是所有肥料都可以随便混合施用的。应注意肥料的化学性质，酸性和碱性的肥料不能混合施用，如人粪尿或硫酸铵等酸性肥料不能和草木灰等碱性肥料混合施用，氨水不能和硫酸铵、氯化铵等生理酸性肥料混合施用，以免氮素变成氨挥发而降低肥效。

第二节　测土配方施肥技术

一、测土配方施肥的含义

测土配方施肥是以土壤测试和肥效田间试验为基础，根据作物需肥规律、土壤供肥能力和肥料释放规律，在合理施用有机肥的基础上，提出氮、磷、钾和中、微量元素等肥料的合理施用数量、科学施用时间和方法，以满足作物均衡吸收各种营养的需求，维持土壤肥力水平，减少养分流失和对环境的污染。通俗地讲，就是通过测定土壤养分，针对作物生长所需要的营养“开药方”，缺什么补什么，缺多少补多少，施用的肥料既能满足作物生长对营养的需要，又不造成浪费，达到用地与养地相结合、投入与产出平衡和中药材高产优质的目的。

二、测土配方施肥的重要意义

（一）增产增收

在合理施用有机肥料的前提下，不增加化肥投入量，调整养分配比平衡供应，促进药用植物对养分的吸收，最大限度地激发其增产潜能。

（二）减肥优质

施肥方式不仅影响中药材产量，同时也影响中药材质量。通过土壤养分测试，掌握土壤有效供肥状况，在减少化肥投入量的前提下，科学调控其养分配比，平衡供应，实现平衡用肥，提升中药材质量。

（三）提产增效

在准确掌握土壤供肥特性、作物需肥规律和肥料利用率的基础上，合理设计最佳养分配比，从而达到提高产投比和施肥效益的目的。

（四）培肥改土

在农业生产中，农户往往凭着经验，重施氮、磷肥，少施或不施钾肥及中、微量元素肥料，施肥不合理，养分配比失衡，加上有机肥施用量减少，导致土壤肥力下降、结构被破坏。通过土壤养分测试，能掌握土壤中到底缺少什么养分，根据需要配方施肥，能使土壤缺失的养分及时获得补充，维持土壤养分平衡，不断改善土壤理化性状，提高土壤可持续利用能力。

（五）保护环境

实施测土配方施肥，可有效控制化肥的投入量，减少肥料的面源污染，防止水源富营养化，从而达到养分供应和作物需求的时空一致，降低化肥对中药材及环境的污染，实现中药材增质增收和生态环境保护相协调的目标。

三、测土配方施肥的理论依据

测土配方施肥以养分归还学说、最小养分律、同等重要律、不可代替律、报酬递减律和因子综合作用律等为理论依据，来确定不同养分的施用量和配比，遵循有机、无机肥相结合，氮、磷、钾和微量元素肥配合施用，用地、养地结合的基本原则。

（一）养分归还学说

中药材生长所需养分有 40% ~ 80% 来自土壤，但不能把土壤看作一个取之不尽、用之不竭的“养分库”，必须依靠施肥的方式，把被作物吸收的养分“归还”给土壤，才能保持土壤肥力。配方施肥有助于解决中药材生长需肥与土壤供肥的矛盾。合理适当补充肥料，正确处理好肥料（有机与无机肥料）投入与中药材产出、用地与养地的关系，有助于维持和提高土壤肥力。

（二）最小养分律

最小养分律是指中药材的质量和产量受相对含量最少的养分制约，在一定程度上质量和产量随这种养分的增减而变化。有针对性地补充限制当地中药材质量和产量提高的最小养分，协调各营养元素之间的比例关系，纠正过去单一施肥的偏见，氮、磷、钾和微量元素肥料的合理配合施用，有利于发挥养分之间的互相促进作用。

（三）同等重要律

在中药材生产中，不论是大量元素还是微量元素，都同样重要，缺一不可。即使只缺少某一种微量元素，也会影响中药材生长而导致减产，如作物缺硼会出蕾但不结实。

（四）不可代替律

中药材生长需要的各种营养元素，在中药材体内都有一定功效，不能相互代替，如缺磷不能用氮代替，缺钾不能用氮、磷配合代替。缺少什么营养元素，就必须施用含有该元素的肥料进行补充。

（五）报酬递减律

在其他技术条件（灌溉、品种、耕作等）相对稳定的前提下，中药材质量和产量随着施肥量的增加而增加；但当施肥量超过一定范围时，中药材质量和产量的增幅会呈递减趋势。可以根据这些变化，选择最佳的施肥配方和用量。

（六）因子综合作用律

中药材质量和产量高低是由影响中药材生长的诸因子综合作用的结果，但其中必有一个起主导作用的限制因子，中药材质量和产量在一定程度上受该限制因子的制约。为了充分发挥肥料的提质增产作用和提高肥料的经济效益，一方面，施肥措施必须与其他农业技术措施密切结合，发挥生产体系的综合功能；另一方面，各种养分配合施用也是提高肥效的重要方法。

四、测土配方施肥的基本方法

测土配方施肥技术是一项科学性、实用性很强的农业科学技术，是在测土的基础上，了解土壤养分状况，根据作物需肥特性，确定氮、磷、钾等养分的用量，通过提供肥料配方，推荐指导农民使用。肥料用量的确定方法主要包括土壤与植株测试推荐施肥方法、肥料效应函数法、土壤养分丰缺指标法和养分平衡法。

（一）土壤与植株测试推荐施肥方法

在综合考虑有机肥、作物秸秆应用和管理措施的基础上，根据氮、磷、钾和中、微量元素养分的不同特征，采取不同的养分优化调控与管理策略。对于氮素，推荐根据土壤供氮状况和作物需氮量，进行实时动态监测和精确调控，包括基肥和追肥的调控；对于磷、钾肥，通过土壤养分测试，根据养分平衡状况进行调控；对于中、微量元素，采用因缺补缺的矫正施肥技术。

（二）肥料效应函数法

根据肥效田间试验结果，建立当地主要中药材的肥料效应函数，获得某一区域、某种中药材的氮、磷、钾等养分的情况，为肥料配方和用量推荐提供依据。

（三）土壤养分丰缺指标法

根据土壤养分测试结果和肥效田间试验结果，建立不同中药材、不同区域的土壤养分丰缺指标，提供肥料配方。

（四）养分平衡法

根据中药材目标产量需肥量与土壤供肥量之差，估算目标植株的施肥量，通过配方施肥补足土壤供应不足的那部分养分。施肥量的计算公式：施肥量 =（目标植株所需养分量 – 土壤供肥量）/（肥料中养分含量 × 肥料当季利用率）。

五、测土配方施肥技术流程

测土配方施肥涉及面比较广，是一个系统工程。整个实施过程需要农业、科研、技术推广部门与新型农业经营主体及广大农民互动，现代先进技术与传统实践经验相结合，具有明显的系列化操作、产业化服务的特点。

（一）采集土样

严格执行操作程序，高度重视土样采集，一般在秋收后进行，采样的主要要求是选择的地点以及采集的土样要有代表性。采集土样是平衡施肥的基础，土样如果不准，就从根本上失去了平衡施肥的科学性。为了正确了解中药材生长期内土壤耕层中养分供应状况，采样深度一般为 20 cm，如果中药材根系较长，可以适当增加采样深度。采样一般以 50 ~ 100 亩为一个单位，具体要根据实际情况来定，如果地块面积大、肥力相近，采样代表面积可以大一些；如果是坡耕地或地块零星、肥力变化大，采样代表面积可以小一些。采样可选择东、西、南、北、中五个点，去掉表土覆盖物，按标准深度挖成剖面，按土层均匀采土。然后，将从各点采得的土样混匀，用四分法逐项减少样品数量，最后留 1 kg 左右即可。将采得的土样装入布袋，布袋内外都要挂放标签，标明采样地点、日期、采样人及分析等有关内容，为制定配方和肥效田间试验提供基础数据。

（二）土壤化验

土壤化验就是土壤诊断，由县以上农业和科研部门的化验室或专业检测机构进行。化验内容根据实际需要确定，一般采用的是 5 项基础化验，即碱解氮、速效磷、速效钾、有机质和 pH 值。这 5 项之中，碱解氮、速效磷、速效钾是体现土壤肥力的三大标志性营养元素。有机质和 pH 值两项可作为参考项目，根据需要可针对性化验中、微量元素。土壤化验要准确、及时。化验取得的数据要按农户和地块填写化验单，并登记造册，装入地力档案，输入电脑，建好土壤数据库。

（三）设计配方

根据土壤养分校正系数、土壤供肥量、作物需肥规律和肥料综合利用率等基本参数，在合理施用有机肥的基础上，制定氮、磷、钾及中、微量元素等肥料配方，由农业专家和专业农业技术人员来完成。可聘请农业大学、农业科学院和土壤肥料管理站的专家组成专家组，负责分析研究有关技术数据资料，科学确定肥料配方。需要根据地块种植的中药材品种及其规划的产量需肥量、土壤供肥量，以及不同肥料当季利用率，选定肥料配比和施肥量。这个肥料配方应按测试地块落实到农户，按户、按作物、按地块开方，以便农户按方买肥，对症下药。

（四）配肥加工

配肥指依据施肥配方，以单质肥料或复混肥料为原料，配制配方肥料。组建平衡施肥社会化服务组织，实行统一测土、统一配方、统一配肥、统一供肥、统一技术指导，为广大农民服务。配方肥的生产首先要把住原料肥的关口，选择知名肥料厂家，选用质量好、价格合理的原料肥；其次，要科学配肥，统一建立配肥厂。

（五）正确施肥

配方肥料大多是作为底肥一次性施用。要掌握好施肥深度，控制好肥料与种子、根系的距离，尽可能有效地满足中药材苗期和生长中、后期对肥料的需要。施用追肥，更要看天、看地、看作物，掌握施肥时机，提倡水施、深施，提高施肥技术水平，发挥最佳肥效。

（六）做好监测

平衡施肥是一个动态管理的过程。施用配方肥料之后，要观察农作物生长情况，要看收成，并进行分析。在农业专家指导下，农业技术人员与新型农业经营主体和农户相结合，强化地块监测，调查分析，翔实记录，将资料纳入测土配方施肥管理档案，并将监测结果及时反馈给相关专家，作为调整修订平衡施肥配方的重要依据。

（七）修订配方

按照测土数据和田间监测的情况，由农业专家共同分析研究，修订确定肥料配方，使平衡施肥的技术措施更切合实际，更具科学性。这种修订符合科学发展的客观规律，每一次修订都是一次测土配方施肥水平的提升。

（八）技术创新

技术创新是保证测土配方施肥工作长效性的重要支撑。重点开展田间试验方法、土壤养分测试技术、肥料配制方法、数据处理方法等方面的创新研究工作，不断提升平衡施肥技术水平。

测土配方施肥，必须在充分了解药用植物需肥特性、土壤肥力状况和肥料性能、气候条件及栽培技术的前提下进行，合理运筹基肥、种肥、追肥的数量和施用方法，逐渐形成符合当地生产条件的合理施肥体系。此外，还应注意根据对中药材有效成分合成与积累的影响进行配方施肥，药用植物体内不同有效成分的合成与积累具有不同规律，不同的肥料对其产生的影响也不相同。在进行施肥以提高药材产量的同时，必须确保药材有效成分具有较高含量，如氮肥对生物碱的合成与积累具有一定的促进作用，而对其他成分如绿原酸、黄酮类化合物等有抑制作用。因此，在进行配方施肥时需要考虑不同有效成分的合成与积累规律，所施肥料的种类、数量和施用时期应以保证或提高有效成分含量为原则。

第三节　中药材水肥一体化技术

水肥在农业种植中扮演着重要角色。我国地域广阔，农作物种类多，栽培方式多样，栽培季节性差异明显。农业生产中，过量灌溉施肥导致水肥资源浪费、土壤酸化和水体环境污染等问题突出，成为制约我国农业可持续发展的重要因素。水肥一体化技术可以在很大程度上缓解我国农业的水肥问题，精准灌溉与科学施肥有机结合，有助于水肥同步管理和低耗高效利用。

一、水肥一体化技术的概念

水肥一体化技术就是通过灌溉系统施肥，作物在吸收水分的同时吸收养分。施肥通常与灌溉同时进行，是在压力作用下将肥料溶液注入灌溉输水管道来实现的。溶有肥料的灌溉水，通过灌水器（喷头、微喷头和滴头等）将肥料溶液喷洒到药用植物上或输入根区，从而进行精准水肥管理。

水肥一体化技术应用于中药材种植管理，需要根据地形、土壤、光照、水源等因素全面考虑，并结合中药材水肥需求规律，进行整个生长期供肥量设计，做到精准地配方施肥和灌溉，把水分和养分均匀、适时、适量、按比例提供给药用植物，在高效利用水、肥，避免浪费的同时，及时满足药用植物对养分和水分的需要。

二、水肥一体化技术的优势

（一）效益明显

据不完全统计，滴灌的工程投资（包括田间管网、施肥设备、供水设备等）约为 1 200 元 / 亩，可以使用 5 年左右，每年节省的人工、用水及肥料和农药等成本至少为 700 元 / 亩。采用水肥一体化技术能够及时、适量地给植物提供水肥营养，满足植物在关键生长期"吃饱喝足"的需要，避免微量元素缺乏症状，提升中药材品质和产量，增产幅度可达 30%，明显提高经济效益。

（二）节肥节水

采用水肥一体化技术，可直接把植物所需要的肥料随水均匀地输送到植株根系集中部位，充分保证了根系对养分的快速吸收。在产量相近或相同的情况下，水肥一体化技术与传统施肥技术相比可节省 40% ~ 50% 的化肥，较传统沟灌方式可节省 50% ~ 60% 的用水量。

（三）省时省力

传统的灌溉和施肥费工费时，非常麻烦。使用水肥一体化技术，只需要打开阀门，水和肥液就可以自动通过田间管网输送到植株根系范围，与传统方法相比，可节省 90% 以上的人工成本。

（四）减轻病害

很多植物的病害是土传病害，随流水传播，如枯萎病等。采用水肥一体化技术可以控制浇水量和湿润面积，降低土壤的湿度，保持土壤良好透气性，从而减少病害的发生，直接有效地控制土传病害的发生，避免因浇水量过多而出现植物沤根、黄叶等问题，还可以减少农药使用量。

（五）改善环境

水肥一体化技术可控制灌溉深度，避免养分的淋溶渗漏，避免过量施肥对土壤和地下水造成污染；有利于增强土壤微生物活性，促进药用植物对养分的吸收；有利于改善土壤物理性质，使土壤容重降低，孔隙度增加，克服了传统灌溉方式易造成土壤板结而影响药用植物生长的缺点。

水肥一体化技术也存在一些缺点，需要不断地研究改进完善。主要体现在以下方面。

（1）初始成本高。由于水肥一体化系统需要整体设计和安装，首次配备水肥一体化系统成本高。

（2）水质和水溶肥料成为水肥一体化技术推广的限制因子。过滤不完善的水或盐碱水会导致水肥一体化系统在应用过程中出现盐渍化或者排水孔阻塞。如水溶肥料的水不溶物过多，则很容易导致设施设备系统中的过滤器堵塞。

（3）水量控制不精准。对于地下滴灌，灌溉者无法看到所使用的水量，可能导致施加水量太多或不足、不均。

三、水肥一体化技术适用范围

水肥一体化技术适宜具有蓄水池、水库等固定水源，且水质符合微灌要求，并已建设或有条件建设微灌设施的区域应用。衡量一种植物是否适合采用水肥一体化技术进行灌溉和施肥，主要从经济角度及种植方式方面进行评价。水肥一体化技术主要适用于设施农业栽培、大田药用植物栽培，以及其他经济效益好的植物培养。

四、水肥一体化技术使用的主要微灌施肥系统

（一）滴灌施肥系统

滴灌施肥系统是指按照植物需水、需肥要求，通过低压管道系统与安装在毛管上的滴头，将溶液以水滴的形式均匀而缓慢地滴入植物根区土壤。其延长了灌溉时间，可以较好地控制水量。滴灌施肥不会破坏土壤结构，土壤内部水、肥、气、热适宜植物生长，渗漏损失小。

滴灌水肥一体化技术应用广泛，不受地形限制，即使在有一定坡度的土地上使用也不会产生径流影响，不论是密植植物还是宽行植物都可以应用。但滴灌系统对水质要求严格，选择灌溉净度要求高的水源、专用型全溶性肥料和优质过滤设备是保证系统长期运行的关键。这些要求一旦达不到，就会造成过滤器堵塞，致使出水不畅，甚至不能出水。常用的过滤器有筛网式过滤器和碟片式过滤器，过滤网规格一般为 100 ~ 150 目。在现代农业发达的国家和地区，滴灌技术已经相当成熟了。

（二）微喷灌施肥系统

喷灌是把由水泵加压或自然落差形成的有压水通过压力管道输送到田间，再经喷头喷射到空中，形成细小水滴，均匀地洒落在农田，达到灌溉的目的的技术。该技术在我国已经比较成熟，但水滴在空中飞行会因空气阻力、蒸发以及飘移等因素产生水分损失，在光照较强、温度高且湿度小的情况下，喷灌水量蒸发可达 42%，而且落到植物冠层的水分也很难被吸收。于是，微喷灌技术应运而生。

微喷灌是通过低压管道系统，以较小的流量将水喷洒到土壤表面进行灌溉的一种灌水方法。它是在滴灌和喷灌的基础上逐步形成的一种新的灌溉技术。微喷灌时水流以较大的流速从微喷头喷出，在空气阻力的作用下破碎成细小的水滴降

落在地面或植物叶面。由于微喷头出流孔口和流速均大于滴灌的滴头孔口和流速，因而大大降低了灌水器堵塞的风险。微喷灌还可将可溶性化肥随灌溉水直接喷洒到植物叶面或根系周围的土壤表面，提高施肥效率，节省化肥用量。

常见的微喷灌技术可以分为地面和悬空两种。与滴灌技术相比，微喷灌技术对过滤器的要求稍低，过滤网规格一般为 80 ~ 100 目。值得注意的是，微喷灌系统易受田间杂草和作物秸秆的阻挡，进而影响灌溉效果。

雾喷灌（又称为“弥雾灌溉”）与微喷灌相似，也是用微喷头喷水，只是工作压力较高（200 ~ 400 kPa），因此，从微喷头喷出的水滴极细而形成水雾。雾喷灌在增加湿度方面效果明显。

微喷灌和雾喷灌具有较好的降温增湿效果，常用于需要控制一定的温度和湿度的温室栽培、工厂化育苗、特种植物的生长时期。在高温情况下进行微喷灌结合强制排风可降低温室田间近地气温 3 ~ 8 ℃，且可增加空气湿度，有利于植物生长；也可通过微喷灌进行植物叶面灰尘清洗等。

（三）膜下滴灌施肥系统

膜下滴灌施肥是通过可控管道系统供水，将加压的水经过滤设施滤“清”后，与水溶性肥料充分融合，形成肥水溶液，进入输水干管—支管—毛管（铺设在地膜下方的灌溉带），再由毛管上的滴水器一滴一滴地均匀、定时、定量浸润植物根系区域，满足植物生长对水肥的需要。

该技术是把滴灌技术与覆膜技术相结合，在滴灌带或滴灌管之上覆一层薄膜。覆膜可以在滴灌节水的基础上减少水分蒸发损失，还可以提高地温以利于出苗，若用黑色薄膜，还可以抑制杂草的生长。

五、水肥一体化技术要点

（一）选好微灌施肥系统

根据水源、地形、气候、植物种类、种植面积，选择不同的微灌施肥系统，应以系统能够安全、可靠地满足当地农业生产及灌溉、施肥需要为目标，开展系统规划、设计和建设。保护地栽培、露地栽培一般选择滴灌施肥系统，施肥装置一般选择文丘里施肥器、压差式施肥罐或注肥泵等；木本中药材、温室栽培、工厂化育苗、特种植物一般选择微灌施肥系统，施肥装置一般选择注肥泵等，条件允许时以选择自动灌溉施肥系统为佳。灌溉设备系统安装架设结束后，要进行管道水压试验、系统试运行和工程验收，灌水及施肥均匀系数要在 0.8 以上。

（二）制定微灌施肥方案

微灌施肥技术比传统施肥技术更有利于植物生长。科学的微灌施肥制度应符合植物的生长规律，根据地块的肥力水平及目标产量确定总施肥量，氮、磷、钾比例及底肥、追肥的比例。作为底肥的肥料在整地前施入，灌水追肥则按照不同植物生长期的需水、需肥特性来确定次数和数量。实施微灌施肥技术可使肥料利用率提高 40% ~ 50%，故微灌施肥的用肥量为常规施肥的 50% ~ 60%。微灌施肥系统施用底肥与传统施肥相同，可包括多种腐熟有机肥和多种化肥，但微灌追肥的肥料必须是优质可溶性肥料。符合国家标准或行业标准的尿素、碳酸氢铵、氯化铵、硫酸铵、硫酸钾、氯化钾等肥料纯度高、杂质少，溶于水后不会产生沉淀，可用作微灌施肥肥料；补充磷素一般采用磷酸二氢钾等可溶性肥料；补充微量元素肥料，一般不能与磷肥同时施用，以免形成不溶性磷酸盐沉淀，堵塞滴头或喷头。

（三）科学使用管理

在生产实践中应根据天气情况、土壤墒情、植物长势等，及时对灌溉施肥方案进行调整，保证水分、养分集中在植物根系区，及时满足植物不同生长阶段对水、肥的需求。每次施肥前应先施用清水，待压力稳定后再用肥，施肥后再施用清水，同时清洗管道。施肥过程中，应定时监测灌水器流出的水溶液浓度，避免肥害。要定期检查、及时维修系统设备，防止漏水。及时清洗过滤器，定期对离心过滤器集沙罐进行排沙。植物生长期第一次灌溉前和最后一次灌溉后应用清水冲洗管道。冬季来临前应进行系统排水，防止结冰爆管，及时做好易损部件保护，确保系统设备正常运转。

（四）集成配套技术

实施水肥一体化技术要配套应用植物良种、病虫害绿色防控技术、田间管理和防灾减灾技术等，充分发挥肥水调控的优势，达到提高植物产量、品质和效益的目的。

（五）做好技术创新

在重点区域和重点药用植物上搞好技术模式筛选和集成创新，开展不同灌溉方式、灌水量、施肥量、养分配比、水溶性肥料等对比试验，摸索技术参数，形成本区域主要药用植物水肥一体化技术模式，提高针对性和实用性。同时，积极研发高质量水溶性肥料等关键产品。配套土壤墒情监测设备，实现实时、自动、方便、快速监测。针对丘陵地区、设施温室等不同应用环境，研发水肥一体化设施设备，不断提升精确调控水肥管理水平。

第三章　中药材病虫害绿色防控技术

第一节　中药材病虫害发生的原因

一、内部原因

（一）品种的抗病虫性

不同品种的中药材对病虫害的抗性不同，同一品种的药材对不同病虫害的抗性也不同。因此，在中药材生产中，要根据不同地区中药材的主要病虫害来选择抗病虫性较强的优良品种及配套栽培技术，确保中药材的抗病虫性能够满足生产的需要，这样能够减少病虫害的发生和农药的使用量，保障中药材质量，节省生产成本，缓解病虫害的抗药性，有利于保护生态环境。

（二）病虫种类繁多

一是药用植物包括草本、藤本、木本等各类植物，生长周期有一年生、几年生甚至几十年生，害虫种类繁多。由于各种药用植物本身含有特殊的化学成分，某些特殊害虫喜食这些植物或趋向于在这些植物上产卵。药用植物上单食性和寡食性害虫相对较多，如白术术籽虫、金银花尺蠖、山茱萸蛀果蛾、黄芪籽蜂等，它们只为害一种或几种近缘植物。二是中药材地下部病害和地下虫害日益严重。许多药用植物的根、块根和鳞茎等地下部，既是药用植物营养成分积累的部位，又是药用部位，其地下部极易遭受土壤中的病原菌及害虫为害，导致中药材减产和品质下降。地下部病害如玄参白绢病、贝母腐烂病、七叶一枝花立枯病等防治难度大，往往造成严重损失。地下害虫种类很多，如地老虎、蝼蛄、金针虫、地下线虫、根螨等分布广泛，为害植物根部并造成伤口，导致病菌侵入，加剧地下部病害的发生。三是中药材叶部病虫害易蔓延，如玄参斑枯病和红蜘蛛、木瓜锈病和蚜虫等，这些病虫害严重影响中药材的光合作用，导致中药材减产和品质下降。

二、外部原因

（一）连作

在耕地上长期种植一种中药材，适应该地块环境条件及相应寄主植物的病原菌、虫源必然逐年累积，往往严重为害连作的中药材。如竹节参根腐病的病原菌是鄂西山区土壤中的习居菌，它生长所需的条件与竹节参生长所需的条件吻合，因此成了竹节参的重要病原，也是老参地利用的最大障碍。

（二）滥用农药

一些生产者缺乏相关的技术知识，滥用、误用农药，不仅严重污染环境，还会消灭有益菌及病虫的天敌，破坏生态环境。长期单一施用同一种类农药还会致使病虫的抗药性增加，导致用药量和次数不断增加但防治效果越来越差的恶性循环。

（三）滥用化肥

耕地长期施用化肥或某种单一元素肥料如氮肥，会造成土壤板结、养分失调，导致药用植物抗逆性低下。例如，为了促进药用植物生长，一些药农长期偏施氮肥，造成药用植物疯长，易患病虫害；长期偏施钾肥，造成药用植物钾元素过剩，而缺少钙、硼等元素。此外，过度施用化肥还会加剧耕地退化，让耕地的施肥效果越来越不明显。合理施肥能促进药用植物生长，增强其抗逆性和被病虫为害后的恢复能力。例如，玄参施足有机肥，适当增施磷、钾肥，可减轻玄参斑枯病，但施用的厩肥或堆肥一定要腐熟，否则肥料中的残存病原菌以及地下害虫及其虫卵如蛴螬等未被杀灭，容易引发某些病虫害。

（四）气候因素

温度和降水是影响药用植物病虫害的主要气候因素。冬季气温低，将降低害虫、病原菌越冬率，减少病虫害发生；春季气温升高快，将促使越冬病原菌提前萌发和侵染、扩散。高温高湿会加快病原菌萌发和浸染为害；干旱则利于喜旱传毒害虫（如蚜虫）的猖獗发生，并导致植物病毒性病害加重。

（五）其他因素

比如地区间种子、种苗调运，若中药材的种子、种苗携带病原菌、害虫，会加快病虫害的传播和蔓延；药用植物的根、块根、鳞茎等携带病原菌、虫卵，常常是病虫害初侵染的重要来源，用其进行无性繁殖也是病虫害传播的一个重要途径；药用植物野生转家种，生长的生态环境发生了明显变化，会导致病虫害发生和流行；高密度种植、遮阴或修剪不合理、通风透光性差为病虫害的发生创造了有利条件；田间杂草丛生、排水不良等均会导致病虫害发生。

第二节　中药材病虫害绿色防控及主要技术

一、绿色防控概述

（一）什么是绿色防控

中药材病虫害绿色防控就是按照“绿色植保”理念，采用农业防治、物理防治、生物防治、生态调控以及科学用药等绿色防控技术，达到有效控制中药材病虫害，促进中药材提质、增产、增收的目的。

（二）开展绿色防控的必要性

应用绿色防控技术既可以有效地将中药材病虫害损失降低到最低限度，又可以减少化学农药的用量；既可以保护农田生态环境，又可以延缓病原菌和害虫产生抗药性的速度，降低中药材农药残留，从而确保中药材产业健康有序地发展。

二、中药材病虫害绿色防控主要技术

（一）农业防治

利用农业科学技术手段，有目的地改变某些生态环境因子，创造不利于病虫发生的环境，抑制病虫生长繁殖，直接或间接消灭病虫，提高中药材抗病虫的能力，达到优质、高产的目的。农业防治经济、简便，对病虫的天敌没有威胁，对环境和生态无污染，越来越受到人们的重视和应用。

1. 合理轮作

坚持“合理轮作，严禁连作”方针，大力推广“中药材—豆科作物”“中药材—蔬菜”等轮作模式，提高光、热、土资源利用率，调节农田生态环境，改善土壤肥力和物理性质，促进中药材生长和有益微生物繁衍，阻止病虫害蔓延。

2. 选用无病虫健壮种苗（种子）

在中药材栽培过程中，选用无病虫良种、优质种苗，提高中药材抗逆性，从种植源头防止病虫害发生。

3. 深翻整地

夏播作物收获后，及时深翻耕地，打破犁底层；立土晒垡，通过暴晒土壤或者深埋，杀灭病菌和部分害虫虫卵，加速病株残体分解；土壤结冰前，深翻耕地，通过低温霜冻，消灭部分害虫，增加土壤通气透水性，熟化土壤，促进植物根系发育。

4. 科学施肥

坚持有机肥与无机肥相结合，常量元素与中、微量元素相结合，基肥与追肥相结合，培肥地力，以提高中药材抗逆性。

（二）物理防治

利用害虫所具有的某种趋性或习性，采用物理手段进行防治。常用方法：利用害虫的趋光、趋色、趋味、趋波等趋性吸引害虫，再用电、粘、捕等方式进行捕杀。

1. 太阳能杀虫灯技术

杀虫灯是近年来重点推广的物理防治技术，利用害虫趋光、趋波、趋性的特性，将光的波段、波的频率设定在特定范围内，近距离用光，远距离用波，加上害虫本身产生的性信息素引诱成虫，灯外配以频振式高压电网（或者风吸式电扇），使害虫落入灯下专用的接虫装置（有的配有益虫逃生口），达到杀灭害虫的目的。杀虫灯主要优点：一是诱杀虫量大，杀虫谱广，平均单灯单日诱杀害虫可达 2 000 头，涉及鳞翅目、鞘翅目、双翅目、同翅目 4 个目 11 个科 200 多种害虫；二是杀害保益效果明显，特别是在接虫装置安有益虫逃生口之后，据有关资料统计，捕杀害、益虫的比例为 100∶8 左右；三是防治区域面积较大，一盏灯可控面积达 30 ~ 40 亩，灯控区域内害虫基数明显下降，相应地，化学农药投入量也显著下降。

2. 诱虫板技术

诱虫板利用颜色引诱害虫飞到粘胶板上将其粘住，从而起到防治害虫的作用。诱虫板以其操作简单、专一性强、污染小、成本低等优点在农业生产方面得到推广，力度逐年加强。它主要捕杀中药材蚜虫、粉虱、跳甲、木虱、蓟马、实蝇等害虫。随着科学技术水平提高，已研制出可降解材质诱虫板和生物友好性红黄相间诱虫板，避免益虫被粘住。

3. 性诱捕技术

害虫雌成虫在性成熟后，会释放一种性信息素至空气中，其随气流扩散，性信息素会刺激雄虫并引诱其飞向雌虫，实现交配以繁衍后代。昆虫性诱剂是仿制此种昆虫性信息素，通过载体存储性信息素再缓释扩散，引诱雄虫至诱捕器来进行灭杀，从而破坏雌雄成虫交配，减少产卵量，最终达到防治虫害的目的。

中药材昆虫性诱剂主要有尺蠖诱剂、小绿叶蝉诱剂、斜纹夜蛾诱剂、小地老虎诱剂等。

4. 农用电解水技术

农用电解水作用于带有真菌、细菌、病毒或其他致病菌的物体表面后，其有效成分（如有效氯和活性氧化性中间体粒子等）会迅速与物体表面病原菌发生反应，夺走细胞壁的电子使其迅速氧化分解，而电解水本身也随之被还原为普通水，对人体无毒副作用，无任何残留。农用电解水技术在替代杀菌剂、减量杀虫剂、改良土壤、消除农药残留等领域得到广泛应用。在中药材生产中，农用电解水技术主要用于种苗消毒和真菌、细菌性病害的防治上。

（三）生物防治

利用寄生性、捕食性天敌或病原微生物，以及生物的代谢物来调控害虫密度，或阻止病原菌的传播蔓延。在农业生产中，需要遵循自然生态规律，保护天敌昆虫，增加益虫的数量，使农业生态系统稳定，才能大幅度降低对化学农药的依赖性，提升农产品的品质。

1. 天敌昆虫及其应用

天敌昆虫指能够消灭害虫，在一定区域内控制害虫发生与发展的昆虫。天敌昆虫包括寄生性和捕食性两大类，寄生性昆虫主要有赤眼蜂、姬蜂、小茧蜂等，捕食性昆虫主要有螳螂、步甲、虎甲、蜻蜓、草蛉、益蝽、蜘蛛等。

1）赤眼蜂

赤眼蜂属于小蜂总科赤眼蜂科赤眼蜂属。成虫体长 0.5 ~ 1 mm，眼赤红色，故名赤眼蜂。在中药材上可寄生黏虫、条螟、斜纹夜蛾、地老虎等鳞翅目害虫的卵。

投放要求：田间发现有害虫成虫时，就要开始放蜂，放蜂时间选择在傍晚，以减少新羽化的赤眼蜂遭受日晒的可能性，赤眼蜂孵化后，可主动寻找害虫卵并寄生。

2）捕食螨

捕食螨是许多益螨的总称，包括赤螨科、大赤螨科、绒螨科、长须螨科等，个体体长 0.1 ~ 0.3 mm。捕食螨是以红蜘蛛、锈壁虱、粉虱、蓟马等为食的一种肉食性螨，尤喜食害螨的卵。

投放要求：一是放螨后 15 天内不能打农药；二是留草，为捕食螨提供良好的生态环境，同时也可提供必要食物，如花蕊。

3）草蛉

草蛉是多食性昆虫，除捕食多种软体的昆虫和螨类外，也取食昆虫排出的蜜露、植物蜜腺的分泌物和花粉等。草蛉所捕食的昆虫包括同翅目（蚜虫、蚧壳虫、粉虱、木虱、叶蝉等）、缨翅目（蓟马）、鳞翅目（蝶和蛾类的卵和幼虫）、鞘翅目（叶甲等甲虫的卵和幼虫）、膜翅目（叶蜂的卵）等许多中药材害虫。

天敌昆虫种类繁多，是各种害虫种群数量重要的控制因素，因此，要善于保护利用。一是慎用农药，在防治工作中，要选择对害虫针对性强的农药品种，尽量少用广谱性的剧毒农药和残效期长的农药。选择适当的施药时间和方法，根据害虫发生的轻重，重点施药，缩小施药面积，尽量减少对天敌昆虫的伤害。二是保护越冬天敌昆虫，天敌昆虫常常由于冬天恶劣的环境条件而大量减少，因此，采取措施使其安全越冬是非常必要的。三是改善天敌昆虫的营养条件，一些寄生蜂、寄生蝇在羽化后常因需要补充营养而取食花蜜，因而要注意考虑天敌昆虫蜜源植物的配置。

2. 生物农药及其主要产品

生物农药指用来防治病、虫、杂草等有害生物的生物活体及其代谢产物和转基因产物，并可以制成商品上市流通的生物源制剂。我国生物农药类型包括微生物农药、农用抗生素、植物源农药、生物化学农药、天敌昆虫农药、植物生长调节剂六大类型，已有多个生物农药产品获得广泛应用，其中包括井冈霉素、苏云金芽孢杆菌、赤霉素、阿维菌素、春雷霉素、白僵菌、绿僵菌等。

生物农药的优点：一是毒性通常比传统农药低；二是选择性强，它们只对目标病虫和与其紧密相关的少数有机体起作用，而对人类、鸟类、其他昆虫和哺乳动物无害；三是低残留、高效，很少量的生物农药能发挥高效能作用，而且通常能迅速分解，从总体上避免了传统农药带来的环境污染问题；四是不易产生抗药性。

1）绿僵菌

绿僵菌是一种广谱的昆虫病原菌，属于低毒杀虫剂，对人畜和天敌昆虫无害，不污染环境。绿僵菌寄生范围广，可寄生 8 目 30 科 200 余种害虫。主要防治蛴螬、象甲、蚜虫、小菜蛾、小绿叶蝉、土天牛等害虫。绿僵菌在害虫种群内可形成重复侵染，在一定时间内引起大量害虫死亡，一次施药的持效期较长。

2）苏云金芽孢杆菌

苏云金芽孢杆菌是一种能在菌体内形成菱形伴孢晶体的芽孢杆菌。该菌可产生两大类毒素，即内毒素和外毒素，害虫取食后，在肠道碱性消化液作用下，菌体释放毒素，害虫中毒并停止取食，最后害虫因饥饿和血液及神经中毒而死亡。苏云金芽孢杆菌可防治鳞翅目、直翅目、鞘翅目等多种害虫。

3）枯草芽孢杆菌

枯草芽孢杆菌通过成功定殖于植物根际、体表或体内，与病原菌竞争植物周围的营养，分泌抗菌物质以抑制病原菌生长，同时诱导植物防御系统抵御病原菌入侵，从而达到防治病原菌的目的，对众多真菌和细菌性病害具有拮抗作用。在中药材生产中，枯草芽孢杆菌可防治黑斑病、炭疽病、赤星病、根腐病、立枯病等多种病害。

4）阿维菌素

阿维菌素对螨类和昆虫具有胃毒和触杀作用，不能杀卵。螨类成虫、若虫和昆虫幼虫与阿维菌素接触后即出现麻痹症状，不活动、不取食，2～4天后死亡。阿维菌素被土壤吸附不会移动，并且会被微生物分解，因而在环境中无累积作用，可以作为综合防治的一个部分。

（四）化学防治

化学防治是最常见的病虫害防治方法。使用化学农药进行防治，见效迅速，效果明显。

1. 化学防治的缺点

长期使用化学农药，一些病虫害会产生很强的抗药性，害虫的天敌也会被大量杀死，致使一些病虫害反复猖獗发生。大量不合理使用化学农药会引发“3R”，即害虫的抗药性（resistance）、害虫的再猖獗（resurgencn）、药剂的残留（residue）问题。在中药材种植过程中，提倡用绿色防控技术进行病虫害防治，尽可能少使用化学药剂；若必须使用化学药剂，需要严格按技术规程进行防治。

2. 精准施药技术

一是根据病虫监测预警，严格按防治指标、防治时间用药。二是突出防治重点，减少施药频次。三是改进防治策略，适当放宽防治指标，放松对次要害虫的防治，避开天敌昆虫活动高峰期施药。四是禁止使用高毒、高残留农药，推广生物制剂和高效、低毒、低残留农药。五是严格控制用药浓度、施药时间和用药后的安全间隔期。六是改进施药技术，积极推广低容量或超低容量喷雾技术。

3.《中华人民共和国药典》33 种禁用农药（表 3.1）

表 3.1　《中华人民共和国药典》33 种禁用农药

编号	农药名称	残留物	定量限（mg/kg）
1	甲胺磷	甲胺磷	0.05
2	甲基对硫磷	甲基对硫磷	0.02
3	对硫磷	对硫磷	0.02
4	久效磷	久效磷	0.03
5	磷胺	磷胺	0.05
6	六六六	α– 六六六、β– 六六六、γ– 六六六和 δ– 六六六之和，以六六六表示	0.10
7	滴滴涕	4,4′ – 滴滴涕、2,4′ – 滴滴涕、4,4′ – 滴滴伊、4,4′ – 滴滴滴之和，以滴滴涕表示	0.10
8	杀虫脒	杀虫脒	0.02
9	除草醚	除草醚	0.05
10	艾氏剂	艾氏剂	0.05
11	狄氏剂	狄氏剂	0.05
12	苯线磷	苯线磷及其氧类似物（砜、亚砜）之和，以苯线磷表示	0.02
13	地虫硫磷	地虫硫磷	0.02
14	硫线磷	硫线磷	0.02
15	蝇毒磷	蝇毒磷	0.05
16	治螟磷	治螟磷	0.02
17	特丁硫磷	特丁硫磷及其氧类似物（砜、亚砜）之和，以特丁硫磷表示	0.02
18	氯磺隆	氯磺隆	0.05
19	胺苯磺隆	胺苯磺隆	0.05
20	甲磺隆	甲磺隆	0.05
21	甲拌磷	甲拌磷及其氧类似物（砜、亚砜）之和，以甲拌磷表示	0.02
22	甲基异柳磷	甲基异柳磷	0.02

续表

编号	农药名称	残留物	定量限（mg/kg）
23	内吸磷	O– 异构体与 S– 异构体之和，以内吸磷表示	0.02
24	克百威	克百威与 3– 羟基克百威之和，以克百威表示	0.05
25	涕灭威	涕灭威及其氧类似物（砜、亚砜）之和，以涕灭威表示	0.10
26	灭线磷	灭线磷	0.02
27	氯唑磷	氯唑磷	0.01
28	水胺硫磷	水胺硫磷	0.05
29	硫丹	α– 硫丹和 β– 硫丹与硫丹硫酸脂之和，以硫丹表示	0.05
30	氟虫腈	氟虫腈、氟甲腈、氟虫腈砜与氟虫腈亚砜之和，以氟虫腈表示	0.02
31	三氯杀螨醇	O,P′ – 异构体与 P,P′ – 异构体之和，以三氯杀螨醇表示	0.20
32	硫环磷	硫环磷	0.03
33	甲基硫环磷	甲基硫环磷	0.03

第四章　中药材采收加工技术

种植水平、采收时间、加工技术、保管技术等因素均会影响中药材质量，适时采收、合理采收、规范加工是保证中药材质量的重要措施。

第一节　中药材采收原则与方法

一、中药材传统采收原则与方法

根据生长年限、生长特性、成熟情况、采收难易程度、产量高低确定采收事宜。

（一）根及根茎类

秋季成熟，可贮藏营养，是植物的营养器官，占药材较大比重，一般深秋或次年早春采收，如天麻、三七、黄精等。但也有例外，如贝母5—6月采收，元胡谷雨至立夏采收，白芷、川芎抽薹前采收。

采收方法：挖掘法。力求根或根茎完整。

（二）皮类

分为树皮和根皮。树皮一般春末夏初（清明至夏至）采收。此时采收，其营养丰富，植物液质多，树皮与木质部易剥离，形成层分裂快，剥离后伤口愈合快，利于生长，如杜仲、厚朴。

根皮一般秋末冬初采收，乘鲜抽芯。此时采收养分贮于根部，有效成分高，如丹皮。

木本植物的干皮或根皮一般生长年限较长，如杜仲、厚朴为 15 ~ 20 年，肉桂、丹皮为 5 年。

采收方法有两种：

（1）砍树采皮法。又称“砍树剥皮法”。把需要间伐或主伐的树先行砍倒，再按一定的长度分节剥下枝皮和干皮。四季均可采收。

（2）活立树采皮法（干皮）。可半环状剥皮，也可条状剥皮。均在树基上方 20 ~ 120 cm 处剥皮。注意保护好树干，不应整圈剥取，需要分层次交替剥取。

（三）茎木类

一般在冬季落叶后或初春萌芽前采收，如大血藤、鸡血藤。与叶同用的茎木则在花前期或盛花期采收，如槲寄生、忍冬藤。有些茎木全年可采，如苏木、降香、沉香。

采收方法：切割法。

（四）叶类

一般在植物生长茂盛、养料丰富、叶片健壮时的开花前盛叶期或盛花期，果实成熟前 5 ~ 8 个月采收，有的可多次采收，如枇杷叶、荷叶、薄荷、银杏叶等。有的在秋冬季节采收，如功劳叶 8—10 月采收，桑叶霜冻后采收，麻黄 10—11 月采收。也有全年可采收的，如侧柏叶。

采收方法：摘取法、剪取法、割取法、拾取法。

（五）花类药材（花蕾和花）

采收时间在花蕾期（含苞待放）和花朵初开期，少数在盛开期。此时采收水分少、香气足，如金银花、槐米、款冬花在花蕾期、开花初期采收，菊花、红花、旋覆花在开花期采收，蒲黄（花粉）在开花盛期采收，西红花（柱头）在开花盛期（10—11 月）采收。

采收方法：摘取法。晴天采收，散放于器具中，以竹器晾晒，阴干。

（六）果实、种子类

果实可分为未成熟和成熟果实。

种子成熟后采收，成熟期不同或次第成熟时应分次采收。

采收方法：摘取法、割取法。

二、中药材现代采收原则与方法

传统采收原则：追求产量，忽视质量。

现代采收原则：既要考虑产量，又要兼顾质量；适时适度，优质高产，可持续利用。

（一）产量和质量正（基本）相关

产量与有效成分含量一致的中药材，如莪术、金银花、山药，在产量变化不大、有效成分最高时采收；又如红花（开花 2～3 天）、麻黄（10 —11 月）在有效成分变化不大、产量最高时采收。

以甘草苷为检测指标，发现甘草在 5 月、10 月采收为佳。（表 4.1）

表 4.1　甘草（内蒙古自治区杭锦旗）

采收期	5 月	6 月	7 月	8 月	9 月	10 月
甘草苷含量（%）	5.95	4.14	5.14	5.17	5.39	5.78

又如，红景天宜在秋冬季节采收。（表 4.2）

表 4.2　红景天

部位	地上部		地下部		
	花期	果全熟期	返青初期	花期	果全熟期
红景天苷含量（%）	0.135	0.175	0.496	0.416	0.596

（二）产量与有效成分含量不一致，不含有毒成分

1. 依药用部位有效成分（不含有毒成分）总含量最大值确定采收期

有效成分总含量 = 产量 / 单位面积 × 有效成分含量。

灰色糖芥地上部有效成分与产量关系见表 4.3。

表 4.3 灰色糖芥地上部有效成分与产量关系

发育期	单产（kg/hm²）	强心苷含量（%）	强心苷总量（kg/hm²）
莲座丛期	160.50	1.755	2.817
孕蕾期	849.90	2.730	22.957
开花初期	984.00	3.225	31.734
开花盛期	1 080.00	3.465	37.422
种子形成初期	1 462.50	2.985	43.656
种子近成熟期	1 153.53	2.085	24.051

2. 以产量与有效成分（不含有毒成分）含量曲线交点确定采收期（图 4.1）

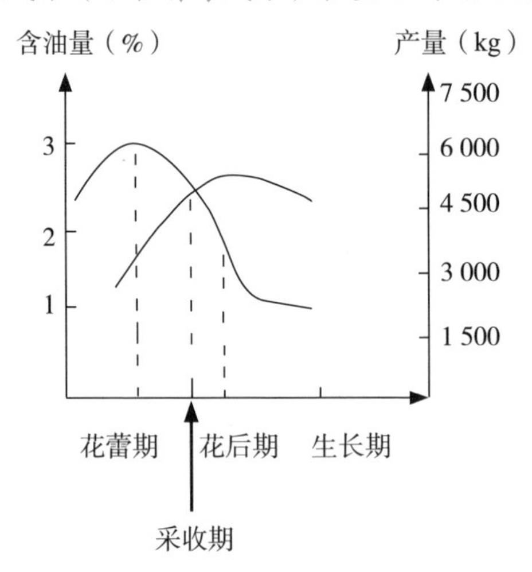

图 4.1 薄荷的生长周期与产量、含油量关系

（三）产量与有效成分含量不一致，且含有毒成分

此时优先考虑安全，再考虑有效成分含量。在有毒成分含量低的前提下，考虑有效成分，适当兼顾产量，确定采收期。

照山白有效成分为总黄酮，有毒成分为梫木毒素。其采收期定为5月为佳。（表4.4）

表 4.4 照山白的有效成分与有毒成分含量随时间的变化

月份	1月	2月	3月	4月	5月	6月	7月	8月	9月	10月	11月	12月
总黄酮（%）	2.52	2.69	2.75	2.26	2.51	2.02	2.00	1.72	2.08	2.21	2.24	2.72
梫木毒素（%）	0.03	0.03	0.03	0.03	0.02	0.06	0.06	0.06	0.03	0.03	0.02	0.03

第二节　中药材产地加工主要方法

产地加工是中药材加工的基础阶段，是为中药饮片炮制、药剂生产提供商品原药材不可缺少的环节，同时也是一门独特的传统技术。

一、中药材产地加工的必要性

中药材采收后，绝大多数是鲜药材，内部含水率高，若不及时加工，很容易霉烂变质，导致药用有效成分流失，严重影响药材质量和疗效。

按照一定或特殊工艺加工后的药材，既能保证药材质量，同时可防止霉烂变质，便于贮藏和运输。按照药材和用药的需要，进行分级和其他技术处理，有利于药材的进一步加工炮制和药用功效的充分发挥。

因此，产地加工是保证药材质量必不可少的环节，在中药材产业链条中具有举足轻重的作用。

二、中药材产地加工的作用

（1）除去杂质和非药用部分，保持药材的纯净。

（2）分离不同药用部位，改变药材质地。

（3）降低或消除药物的毒性或副作用，保持活性成分，保证药效。

（4）药材干燥，防止霉烂变质，便于贮藏和运输。

（5）整形、分等，以利于按质论价。

（6）有利于药材的进一步加工炮制和利用。

经过产地加工的中药材一般应达到形体完整、含水量适度、色泽好、香气散失少、不改变味道、有效成分保持率高等要求。

三、中药材产地加工主要方法

产地加工一般包括除杂（除垢、拣选）、修整（修剪、切分、除毛须、除皮壳、抽芯)、干燥(晒干、烘干、阴干、焙干等)、分级包装、贮藏等。有些中药材在干燥前还需要经过特定方法处理,如蒸煮、烫漂、发汗、腌制等。

(一)产地加工一般方法

1. 除杂

(1)除垢。清除药材上的泥沙和污垢,包括翻抖、喷淋、刷洗、淘洗等。

(2)拣选。包括挑选、筛选、风选、漂洗等,去除非药用部位、异物、霉烂变质药材,初步分等,以利于分别加工和干燥。

2. 修整

(1)修剪。剪除芦头、伤损部位、细根等,如当归、细辛的须根要理顺。

(2)切分。对于体块大、干燥后质地坚硬的药材,为避免再加工时久泡使有效成分流失,须趁鲜切片。

(3)除毛须。香附、知母等去除须根,枇杷叶刷去毛。

(4)除皮壳。如酸枣仁、桃仁、肉桂等。

(5)抽芯。如远志、丹皮等。

3. 干燥

(1)晒干。适用于不宜用较高温度(一般不超过 60 ℃)烘干的中药材,包括“低温干燥”。含挥发油的药材不宜用此法,以避免挥发油散失;色泽和活性成分受日光照射后易变色的药材,不宜用此法;在烈日下晒后易爆裂的药材不宜用此法。药材晒干凉透后才可以包装,否则将因内部温度高而发酵,或因部分水分未散尽,造成局部水分过多而发霉等。

(2)烘干。指利用加温的方法通过烘房或烘干机除去水分使药材干燥,一般以 50~60 ℃为宜,没有大的破坏作用,同时抑制酶的活性。含挥发油或需要保留酶活性的药材,不宜用此法;富含淀粉的药材如需要保持粉性,烘干温度应缓缓升高,以免新鲜药材遇高热淀粉发生糊化。

(3)阴干。适用于烘干和晒干均不适宜的情况,包括晾干。将药材放置或悬挂在通风的室内或棚下,避免阳光直射,使水分在空气中自然蒸发来干燥药材。主要适用于含挥发性成分的花类、叶类及草类药材。有的药材在干燥过程中易与皮肉分离或空枯，因此，必须进行揉搓。

（4）暴晒。少数药材要短时间内干燥，包括“及时干燥”。

（5）焙干。与烘干方法相似，只是温度稍高，且置于瓦、陶器上加热。多用于某些动物药材的干燥或研粉。

（6）其他。某些药材可采用烘干、晒干、阴干三者中的两种方式进行干燥。

（二）产地加工特殊方法

1. 蒸煮

蒸煮有利于改变药物性能，扩大用药范围；可以减少副作用；有利于保存药效，以便贮存；有利于软化切片和干燥。如天麻、地黄、玉竹、何首乌等含淀粉、浆汁足，可趁鲜蒸制，然后切片晒干；野菊花、杭菊花等蒸后不易散瓣，护色；延胡索、郁金、姜黄、莪术等则须煮至透心；有的药材需要清水煮，如淀粉含量高的白芍、明党参、北沙参；有的药材需要盐水煮，如全蝎、穿山甲等药材，以便保存；有的药材需要碱水煮，如珍珠等药材，去油脂。

2. 烫漂（杀青）

烫漂（杀青）的方法有热水法和蒸汽法两种。其主要作用是促进酶的失活。

对一些肉质、含水量大的块根、鳞茎类药材，采收后宜放入沸水中烫片刻，然后捞出晒干。如天冬、白芍、百合、白及、百部、北沙参、延胡索等通过沸水烫，可使细胞内蛋白质凝固、淀粉糊化，破坏酶的活性，促进水分蒸发，便于干燥，并可增加透明度，但要注意水温和时间，以烫至半生不熟为好，过熟则软烂、品质差。

3. 发汗

发汗是为促使药材变色、变软、增强香味或减少刺激性，促进标志成分转化，便于干燥，通过堆积覆盖“回潮”，促使内部水分向外挥发（凝结成水珠）的过程。如茯苓、玄参、厚朴、杜仲、续断、独活等中药材需要发汗。

研究表明，传统发汗茯苓的水溶性多糖是不发汗直接加工茯苓的 1.5 倍、水蒸气蒸制加工茯苓的 1.7 倍。玄参去须根，暴晒至半干，堆闷 3 ~ 4 天（发汗），暴晒至八九成干，再堆闷（发汗）至发黑油润，质坚色黑，干燥。

4. 搓揉

如三七晒至半干，晒中揉搓至全干。党参晒中揉搓至全干。

5. 石灰拌

如川贝、浙贝、僵蚕等中药材加一定石灰拌，可吸除水分、防腐。

（三）分类产地加工方法

1. 根及根茎药材

一般程序：去泥土→除去非药用部位→大小分级（趁鲜切制）→干燥。

含水量高的肉质块根、鲜茎及粉性强的药材：烫或蒸后（切片），干燥，如天冬、百部、薤白、北沙参、玉竹、黄精、天麻。

质坚难以干燥的粗大根类药材：趁鲜切制，干燥，如葛根、虎杖、大黄。

难以去皮的药材：趁鲜去皮，干燥，如桔梗、半夏；贝母撞去外皮，可用石灰拌吸出水分，干燥；白芍沸水稍煮，去皮，发汗，晾干；元胡撞去外皮，洗净，煮至内心黄色，晾干。

2. 皮类药材

树皮：去粗皮、栓皮，如厚朴。

根皮：刮去外栓皮，抽芯。

一般采集后，趁鲜切成片或块，再干燥。有些药材需要先用沸水烫，发汗或切丝、块或卷成筒状，如肉桂、厚朴。

3. 全草及叶类药材

一般采收后，立即摊开晾晒。

挥发性药材：忌暴晒，阴干，如荆芥、薄荷。

肉质叶药材：沸水略烫，再干燥，如马齿苋、垂盆草。

4. 花类药材

颜色鲜艳、花朵完整者，一般置于竹席上，通风阴干或弱阳光下晒干；注意气味、颜色。若遇连阴雨天气，切忌堆积，以免发热腐烂，应低温烘干。

5. 果实类药材

应及时在适宜温度下干燥至透。大个果实切开干燥，如酸橙、佛手、木瓜；以果肉、皮入药者去核、瓤或皮后干燥，如瓜蒌需要去皮、仁，陈皮需要去瓤，山茱萸需要去籽。

第五章　中药材防灾减灾技术

第一节　中药材应对频繁降雨生产技术

一、频繁降雨对中药材生产的影响

（一）影响根系生长

根系是植物输送养分和水分的重要器官，若土壤排水不良，根系在缺氧环境下无法进行有氧呼吸，其养分吸收能力大大减弱，根系变得瘦弱，呈锈色，近于枯死，根系的生长受到极大的抑制，进而影响中药材的生产。

（二）抑制地上部生长

频繁降雨会导致陆地花类、果类中药材在生长期落花落果，受灾严重地块甚至会绝产；对根类药材主要是造成根系受损，导致养分吸收不足，植株叶片萎蔫枯黄，产量与品质双降。

（三）加剧中药材病害

频繁降雨，特别是高湿高温环境，会为多种病害的暴发与流行提供有利条件。植株的抗病害能力急剧降低，会导致药材疫病、炭疽病等病害加剧。水分过多也易造成果实和根开裂。

（四）破坏土壤结构

频繁降雨会造成土壤板结、地下水位升高、土壤透气性下降，导致中药材根部病变加剧，造成减产减收。频繁降雨还会导致药园内渍、植株沤根、药效降低、杂草丛生等。

二、应对频繁降雨技术措施

（一）及时掌握气象信息

频繁降雨期间，中药材从业者需及时了解天气情况，积极与本地气象部门联系，掌握基地及周边地区未来气象信息，有针对性地开展防灾抗灾相关工作。

（二）积极开展自救

1. 清沟排水，防止积水

玄参等根茎类药材，根茎部被水浸泡超过 24 h，将会导致不可逆的伤害，后期极易烂根。暴雨发生前，安排专人排查基地水沟，保证围沟比腰沟深，腰沟比畦沟深，加固沟渠堤坝，疏通基地周围涵洞，保证通水顺畅。一旦积水，尽快清除排水沟淤泥，保证排水顺畅。对于设施大棚种植的中药材，必须保证大棚结构坚固、薄膜铺设规范，需要在薄膜裙边处开沟，同时必须保证大棚之间的排水沟排水顺畅，防止积水倒灌。暴雨期间，基地必须安排专人值守，及时排查险情，发现险情务必第一时间上报并妥善处理。

2. 培根垄畦，追肥补肥

受暴雨冲洗过后的根类中药材田块，根茎裸露，肥力被雨水带走。清除淤泥后，应在天晴土壤稍干燥时，及时培根垄畦，追肥补肥。对生长中的药材植株，在雨后天晴时，可采用叶面施肥，喷施 0.4% 磷酸二氢钾或 0.5% 腐殖酸等叶面肥，需要连喷 2 次，间隔 7 天，促使药材植株快速恢复生长。

3. 强化病虫害预测，提升统防统治能力

气温较高的季节，频繁降雨后地面湿度大，为欧文氏菌、丝核菌、齐整小核菌等病原微生物和害虫生长及蔓延提供了便利条件，如果不采取有效防治措施，容易导致药材大面积死亡。及时清理田间的残枝、落叶，中药材植株下部老叶、黄叶及病叶，减少病菌。暴雨结束，积水排出后，全田可喷施 30% 甲霜・噁霉

灵水剂 1 300 ~ 1 500 倍液 1 次或 2 次，喷施 2 次时要间隔 7 天。发现有软腐病零星发生，可用 50% 氯溴异氰尿酸可溶性粉剂或 80% 乙蒜素乳油 800 ~ 1 000 倍液喷淋茎基部 2 次或 3 次，间隔 7 天。发现有白绢病零星发生，可用 5 亿 cfu/g 哈茨木霉微生物菌剂稀释 600 ~ 800 倍液喷淋茎基部 2 次或 3 次，间隔 7 天。发现有根腐病发生，及时将染病植株清除，在病穴处撒生石灰，如果根腐病发生相对较重，可用 30% 多菌灵可湿性粉剂 1 000 倍液喷淋根部 2 次或 3 次，间隔 7 天。对于害虫，可采用物理诱杀或生物农药进行防治。

要注意科学规范用药，严格执行农药安全间隔期规定，确保中药材质量安全。喷药时注意预防药害发生，避免多种含同一有效成分的制剂混用。同时注意提高药剂雾化程度和喷药质量，做到枝干、叶片正反均匀用药，对地面也要进行施药。

4. 及时采收，做好管护

对于受灾较重的基地，待积水排完后，条件适宜时尽快采收，及时加工干燥，同时做好田园清洁，全田撒施微生物菌肥 1 次或 2 次后翻耕 1 次，再种植其他药材。受灾相对较轻的基地，待天晴后，清理不健康的植株，及时补苗。对于木本药材，发现倒伏或者折断的情况，及时扶正或者移栽，尽可能降低损失。

5. 加工方式多元化

对于种植规模相对较小，缺乏专业加工设备的种植户，恶劣天气影响较大，种植户需要积极对接外部渠道，受灾后尽快采收加工，防止药材变质，还需要鼓励加工条件成熟、加工设备充足的企业或者合作社开展代加工服务，切实增强其他种植户抗风险能力。

（三）做好室内药材管护

1. 安排专人巡查

在汛期必须安排专人对药材仓库进行看管，定期对仓库的死角或者仓库容易引发潮湿的地方做好记录和跟踪，相关人员应该熟悉贮存药材的分类、性质、保管业务知识和消防安全制度，熟练掌握消防器材的操作使用和维护保养方法。

2. 使用除湿设备

做好室内清洁，减少灰尘发生，防止形成小水滴，导致药材霉变。库内湿度高出库外湿度 15% 以上时，及时使用除湿机、大功率风扇等设备，同时可用麻袋装上生石灰后放置于库内各处，让室内空气保持干燥。

3. 规范药材堆放

箱装药材应使用台板堆放，同时不可过密，保证空气对流，防止霉变，发现箱包潮湿，必须第一时间清除，将药材烘干再保存。如果短时间无法实现台板堆放，必须定期翻堆，天晴后第一时间晾晒。另外，做好出入库管理，变质药材及时销毁，严禁流入市场。

（四）做好药材种子管护

种子数量不大时，可选用水泥缸、瓷缸作为贮存容器，对于黄连等果实类药材种子，采收后无法及时种植，可用湿沙贮藏，置于阴凉处。大量种子保存时，应存放在干燥通风处，地面上应用台板垫高 50 cm 以上，将装药材种子的容器依次放上，不能把容器直接放在地面上，避免潮湿。贮存期间，需要定期检查，发现变质的种子要及时清理。有条件的，可以将温度调整至 20 ℃以下。当空气湿度超过 80%，及时使用除湿机，降低贮存室的空气湿度。

（五）对接保险公司，降低损失

灾情发生后，注意统计受灾情况，及时上报当地政府，如果灾情发生前已在保险公司投保，第一时间和保险公司联系，及时提出索赔要求，尽可能减少自身损失。

第二节　中药材应对低温冰冻生产技术

低温冰冻天气易使中药材受到不同程度的伤害，严重时可导致植株死亡。尤其是越年生或多年生药用植物，遭受冻害后，常常导致幼苗死亡，块根、块茎组织破坏或腐烂。做好低温冰冻防御应对工作，应坚持“预防为主，综合施策”的原则，确保中药材正常生产。

一、预防应对措施

（一）关注天气预报

及时掌握当地当前及未来气象信息，有的放矢地开展应对低温冰冻相关工作。气象部门发布寒潮预报后，种植户要高度重视，在寒潮到来前，抓紧时间抢收完成已达成熟期中药材，避免冻害造成损失。

要广泛利用广播电台、电视、短信、微信、QQ 等有效渠道，加强应对低温雨雪冰冻天气的指导服务，及时将灾害天气信息和应对防范措施传递到生产主体，及时深入药园做好抗灾工作，发现问题及时解决，将灾害风险降到最低。同时，将有关灾情及时报送至当地政府。

（二）重施底肥

在秋末冬初，亩施 1 500 ~ 2 000 kg 腐熟农家肥。这样不仅能起到提高地温、防冻保暖作用，还能起到冬肥春用、提高土壤肥力和中药材品质等作用。

（三）冬季清园

认真做好药园冬季清园工作，喷施波美度 0.3 ~ 0.5 的石硫合剂或 45% 晶体石硫合剂 200 倍液等防治越冬病虫，全园要喷湿喷透。

（四）清理沟渠

组织清理厢沟、腰沟、围沟，保证中药材全生长期“三沟”相通，确保排灌畅通，防止田间积水，保持土壤墒情适宜，提高根系活力。以沟土护根，压草保温护苗，增强中药材抗冻能力。

（五）树干涂白

对于木本及灌木类中药材，如木瓜、杜仲、厚朴、吴茱萸、钩藤等，可利用白色对光的反射作用，使用涂白剂刷白树干，缩小树体的昼夜温差，避免树干冻伤。

涂白剂配方：生石灰 1.5 kg、食盐 0.2 kg、硫黄粉 0.3 kg、油脂少许（作用是避免雨水淋刷）、水 5 L，拌成糊状溶液即可使用。

（六）覆盖防冻

对于根茎类中药材，如玄参、党参、白及、重楼、太子参、丹参、天麻、山慈菇、黄精、桔梗、续断、贝母等，可利用覆盖法，冬季可御寒防冻；春季可延缓地表温度的回升速度，使中药材的物候期延迟，晚萌发、晚开花，从而预防倒春寒危害中药材。

具体操作方法：秋末或初冬，在药园地面覆盖厚 10 cm 左右的稻草、无籽茅草、秸秆等，既能维持地温相对稳定，又能避免寒风直接侵袭植株根部。对于中药材幼苗的防冻，如玄参、板蓝根等，最好先覆盖一薄层草木灰，再用塑料薄膜扣棚保护。对于木本药材的防冻，可用稻草、麦秸或塑料薄膜将树干、树枝包裹，近地面枝干处培土压紧，既可防冻害，又可延迟萌发和开花期，避免或减轻倒春寒危害。上风口的成龄园，加强树冠覆盖，可采用遮阳网、薄膜等覆盖树冠，防止受冻。

（七）培土防冻

在冬季结合中耕、清沟进行培土，即在植株根部培上较干燥的细土（藤本、木本类药材培土 30 ~ 50 cm 高），使其根系的深度相应增加，可避免或减轻低温冻害对根系造成伤害。

（八）补充养分

寒潮来临前，药园可适当喷施磷酸二氢钾、钙肥、硼肥或腐殖酸水溶肥等，进一步增强抗逆性，提高抗冻能力。

（九）搭好支架

雨雪冰冻天气，提前在易倒伏受损药材植株旁搭立支架（可根据天气预报事先准备），防止雪灾、冰冻造成中药材植株断枝、倒伏等机械损伤。

（十）烟熏增温防冻

密切关注当地天气预报，在异常低温情况下，特别是在融雪冰冻的夜间，将湿润的杂草、树叶、锯末和谷壳等物，堆放在药园的上风位置并点燃。烟堆点燃后所形成的烟雾能缓和温度的剧降，提高种植区域小环境的温度，对预防冻害有明显的效果。

具体操作方法：通常每亩药园燃放 8 ~ 10 个烟堆为宜。需要注意的是，烟堆要在外界气温比作物受害的温度低 1 ℃左右时点燃，待气温回升到作物受害温度以上时停止烟熏；同时做好防火工作。

（十一）及时清除积雪

下雪时或雪后，及时清除中药材植株上的积雪，防止积雪造成中药材植株断枝、倒伏等机械损伤。对于药园内的温室、大棚等保护地设施和基地产地加工厂房，也要及时清除棚顶积雪，防止积雪导致设施损坏和厂房塌陷。

二、灾后管理措施

（一）及时清理受灾药园

雨雪冰冻天气后，在天气晴好、土壤较干时，及早清理受灾药园。利用枝剪、锯子清除机械折断、冻伤的枝叶，对于整株冻死的，要将植株根部全部挖出，并在根穴四周撒施生石灰，以免冻伤的枝叶和植株侵染病害，进而影响中药材生长。

（二）加强田间管理

受冻后的中药材应加强水肥管理，增强植株长势，如进行追施速效氮肥、适当增施磷钾肥、撒施草木灰和用 0.3% 尿素 +0.2% 磷酸二氢钾进行叶面施肥等，做到勤施薄施，以促进受冻药材植株快速恢复生长。此外，还要清沟排水，进行浅松土，降低田间湿度，以利土壤升温，促进根系活动。春季气温回升后，及时扒开蔸土，及时中耕除草，改善土壤透气状况，提高土温，促使植株迅速恢复正常生长。

（三）及时查苗补蔸

雨雪冰冻天气结束后，对于秋播药材与在药园中过冬的地上部枯死的药材，要根据出苗情况，及时查苗补蔸，防止缺苗。

（四）加强病虫害防治

受冻中药材植株长势会变差，抗逆性较弱，容易发生病虫害，冻害过后应及时用短稳杆菌、藜芦碱、除虫菊素等交替喷施，防治病虫害。

（五）尽早修复设施

抢修损毁生产设施，特别是对于垮塌和破损的设施大棚、温室等重要生产设施，要尽快组织人员，集中力量，抓紧抢修完善，确保生产正常进行。

第六章　中药材GAP实施技术

第一节　GAP知识

一、中药材GAP的提出和制定

中药材 GAP 是《中药材生产质量管理规范》的简称，是专门对中药材生产实施规范化管理的基本准则。实施中药材 GAP，对保证中药材、中药饮片和中成药质量具有十分重要的意义，是中药现代化、国际化的基础。

推进中药现代化，是指将传统中药的优势特色与现代科学技术相结合，按国际认可的标准规范进行研究、开发、生产、管理，以适应当代社会发展需要的过程。

在国外，一些天然药物制造商在原料生产的质量控制方面，已采取一系列规范措施，如日本厚生劳动省药务局于 1992 年修订了《药用植物栽培和品质评价》；欧洲特殊药物制造业协会在 1998 年 3 月布鲁塞尔会议上提出“药用植物与动物良好的质量控制”；后来欧共体起草了《药用植物和芳香植物种植管理规范（草案）》。

1998 年 11 月，国家食品药品监督管理总局在海口主持了 GAP 座谈会，会后，组成了起草小组，草拟了中药材 GAP（第一稿）。

1999 年 5 月，全国首届中药材 GAP 起草小组扩大会议在天津召开，会上讨论了中药材 GAP（第一稿）。同年 9 月，由起草小组修改和制定了《中药材生产质量管理规范（GAP）指导原则（草案）》（第二稿）。

2000 年 9 月，在成都讨论了中药材 GAP（第二稿），经过讨论修改，原则通过，成为国家药品质量管理规范中又一个新的行业规范。

中药材 GAP 为中药材生产质量管理提出了应遵循的要求和准则，这对各种中药材及其生产基地提出了统一要求。由于中药材品种多，种植地的生态环境各异，各地区在实施过程中要从本地区的实际出发，以保持我国药材的正宗地位，发挥道地药材的特色和优势，创建优质中药材品牌为前提，针对不同的品种，制定各种药材的生产质量管理标准操作规程（standard operating procedure，SOP）。

二、实施中药材GAP的目的和意义

实施中药材 GAP 要从保证中药材质量的目标出发，控制影响药材质量的各种因子，规范药材生产的全过程，以达到药材“安全、有效、稳定、可控”的目的。

实施中药材 GAP 是中药现代化的基础。中药现代化的具体内容包括中药理论现代化、中药质量标准和规范现代化、中药生产技术现代化、中药文化传播现代化和提高中药产品国际市场份额。在这里，中药材生产是源头。只有严格按中药材 GAP 生产安全、有效、稳定、可控的中药材，中药质量标准和规范的现代化才具备坚实的基础。

实施中药材 GAP 是国际中药材市场的需要。近年来，大多数国家和地区不断加强对进口中药商品的管理，主要在重金属、农药残留等方面，参照食品要求进行限制。美国食品药品监督管理局要求申请注册的中药品种，原料产地要固定，要建设生产种植管理规范。国际上正积极探索药材生产管理规范的实施路径，并把绿色中药材的生产看成可持续农业中的一个组成部分。

我国作为最大的中药生产国，如果不尽快推行先进的中药标准规范，必将在未来的市场竞争中陷入被动，中药现代化和国际化将难以实现。

因此，实施中药材 GAP 对于促进中药产业的发展具有重要意义，是实现中药标准化、集约化、现代化和国际化的需要；是保证中药制药企业、中药商业规模化健康发展的需要；是促进农业生产结构调整和促进中药农业产业化的需要；是改善生态环境，获取生态效益，走可持续发展道路的需要；是增加农民收入，促进地方经济发展的需要；是提高道地药材市场竞争力的需要。

三、GAP的主要内容

总则：要求生产企业应用规范化管理和质量监控手段，保护药材资源和生态环境，坚持“最大持续产量”原则，实现资源的可持续利用。

（一）产地生态环境

中药材产地的空气、水、土壤等环境条件必须符合国家相关标准。要求生产企业按中药材产地适应性优化原则，因地制宜，合理布局。

（二）种质和繁殖材料

对基地生产的中药材的物种进行准确的鉴定和审核。加强中药材良种繁育、配种工作，建立良种繁育基地，保护药用植物的种质资源。

（三）栽培管理

根据药用植物的种类，制定生产技术标准操作规程。规定药材在适宜环境中进行规范化、标准化栽培。

（四）采收与初加工

对中药材采收期、采收器具与加工场所、采收后的加工与处理等技术应做出具体要求。

（五）包装、运输与贮藏

对中药材包装、运输和贮藏的各个生产环节应做出具体规定，包括包装记录、运输容器的洁净、贮藏条件等。

（六）质量管理

要求生产企业设立质量管理部门，明确质量管理部门的职责，制定中药材质量检验标准，负责中药材生产基地环境卫生检查和生产全过程的质量监督管理。

（七）人员配备与培训

配备与生产规模、品种检验要求相适应的人员、场所、仪器和设备。生产基地主要技术人员必须具备相应的学历。从事中药材生产的所有人员要定期进行GAP知识、操作技能和卫生知识培训。

（八）GAP文件

生产企业应制定生产管理、质量管理等标准操作规程，并对生产全过程详细记录，必要时附照片或图像。所有管理文件、操作规程、原始记录、影像、照片资料必须确定专人管理。

四、GAP认证

申请中药材 GAP 认证的中药材生产企业，其申报的品种至少完成 1 个生产周期。申报时需填写《中药材 GAP 认证申请表》（一式两份），并向所在省、自治区、直辖市相关行政管理部门提交以下资料：

（1）营业执照复印件。

（2）申报品种的种植（养殖）历史和规模、产地生态环境、品种来源及鉴定、种质来源、野生资源分布情况和中药材动植物生长习性资料、良种繁育情况、适宜采收时间（采收年限、采收期）及确定依据、病虫害综合防治情况、中药材质量控制及评价情况等。

（3）中药材生产企业概况，包括组织形式并附组织机构图（注明各部门名称及职责）、运营机制、人员结构、企业负责人及生产和质量部门负责人背景资料（包括专业、学历和经历）、人员培训情况等。

（4）种植（养殖）流程图及关键技术控制点。

（5）种植（养殖）区域布置图（标明规模、产量、范围）。

（6）种植（养殖）地点选择依据及标准。

（7）产地生态环境检测报告（包括土壤、灌溉水、大气环境）、品种来源鉴定报告、法定及企业内控质量标准（包括质量标准依据及起草说明）、取样方法及质量检测报告书，历年来质量控制及检测情况。

（8）中药材生产管理、质量管理文件目录。

（9）企业实施中药材 GAP 自查情况总结资料。

《中药材生产质量管理规范（试行）》认证检查评定标准（表 6.1）中，针对植物药材检查项目共 78 项，其中关键项目 15 项（表 6.1 中条款前加“*”），一般项目 63 项。关键项目 1 项不合格和一般项目 20% 不合格，认证检查不予通过。

表 6.1　认证检查评定标准

条款	检查内容
0301	生产企业是否对申报品种制定了保护野生药材资源、生态环境和持续利用的实施方案
*0401	生产企业是否按产地适宜性优化原则，因地制宜，合理布局，选定和建立生产区域，种植区域的环境生态条件是否与动植物生物学和生态学特性相对应
0501	中药材产地空气是否符合国家大气环境质量二级标准
*0502	中药材产地土壤是否符合国家土壤质量二级标准
0503	应根据种植品种生产周期确定土壤质量检测周期，一般每 4 年检测 1 次
*0504	中药材灌溉水是否符合国家农田灌溉水质量标准
0505	应定期对灌溉水进行检测，至少每年检测 1 次
*0701	对栽培或野生采集的药用植物，是否准确鉴定其物种（包括亚种、变种或品种、中文名及学名等）
0801	种子种苗、菌种等繁殖材料是否制定检验及检疫制度，在生产、储运过程中是否进行检验及检疫，并出具报告书
0802	是否有防止伪劣种子种苗、菌种等繁殖材料的交易与传播的管理制度和有效措施
0803	是否根据具体品种情况制定药用植物种子种苗、菌种等繁殖材料的生产管理制度和操作规程
*1001	是否进行中药材良种选育、配种工作，是否建立与生产规模相适应的良种繁育场所
*1101	是否根据药用植物生长要求制定相应的种植规程
1201	是否根据药用植物的营养特点及土壤的供肥能力，制定并实施施肥的标准操作规程（包括施肥种类、时间、方法和数量）
1202	施用肥料的种类是否以有机肥为主；若需使用化学肥料，是否制定有限度使用的岗位操作法或标准操作规程
1301	施用农家肥是否充分腐熟达到无害化卫生标准
*1302	禁止施用城市生活垃圾、工业垃圾及医院垃圾和粪便
1401	是否制定药用植物合理灌溉和排水的管理制度及标准操作规程，适时、合理灌溉和排水，保持土壤的良好通气条件
1501	是否根据药用植物不同生长特性和不同药用部位，制定药用植物田间管理制度及标准操作规程，加强田间管理，及时采取打顶、摘蕾、整枝修剪、覆盖遮阴等栽培措施，调控植株生长，提高药材产量，保持质量稳定
*1601	药用植物病虫害的防治是否采取综合防治策略

续表

条款	检查内容
*1602	药用植物如必须施用农药时，是否按照《中华人民共和国农药管理条例》的规定，采用最小有效剂量并选用高效、低毒、低残留农药，以降低农药残留和重金属污染，保护生态环境
2601	野生或半野生药用植物的采集是否坚持“最大持续产量”原则，是否有计划地进行野生抚育、轮采与封育
*2701	是否根据产品质量及植物单位面积产量，并参考传统采收经验等因素确定适宜的采收时间（包括采收期、采收年限）
2702	是否根据产品质量及植物单位面积产量，并参考传统采收经验等因素确定适宜的采收方法
2801	采收机械、器具是否保持清洁、无污染，是否存放在无虫鼠害和禽畜的清洁干燥场所
2901	采收及初加工过程中是否排除非药用部分及异物，特别是杂草及有毒物质，剔除破损、腐烂变质的部分
3001	药用部分采收后，是否按规定进行拣选、清洗、切制或修整等适宜的加工
3002	需干燥的中药材采收后，是否及时采用适宜的方法和技术进行干燥，控制湿度和温度，保证中药材不受污染、有效成分不被破坏
3101	鲜用中药材是否采用适宜的保鲜方法如必须使用保鲜剂和防腐剂时，是否符合国家对食品添加剂的有关规定
3201	加工场地周围环境是否有污染源，是否清洁、通风，是否有满足中药材加工的必要设施，是否有遮阳、防雨、防鼠、防尘、防虫、防禽畜措施
3301	地道药材是否按传统方法进行初加工，如有改动，是否提供充分试验数据，证明其不影响中药材质量
3401	包装是否按标准操作规程操作
3402	包装前是否再次检查并清除劣质品及异物
3403	包装是否有批包装记录，其内容应包括品名、规格、产地、批号、重量、包装工号、包装日期等
3501	所使用的包装材料是否清洁、干燥、无污染、无破损，并符合中药材质量要求
3601	在每件中药材包装上，是否注明品名、规格、产地、批号、包装日期、生产单位、采收日期、贮藏条件、注意事项，并附有质量合格的标志
3701	易破碎的中药材是否装在坚固的箱盒内
*3702	毒性中药材、按麻醉药品管理的中药材是否使用特殊包装，是否有明显的规定标记
3801	中药材批量运输时，是否与其他有毒、有害、易串味物质混装

续表

条款	检查内容
3802	运载容器是否具有较好的通气性，并有防潮措施
3901	是否制定仓储养护规程和管理制度
3902	中药材仓库是否保持清洁和通风、干燥、避光、防霉变温度、湿度是否符合储存要求并具有防鼠、虫、禽畜的措施
3903	中药材仓库地面是否整洁、无缝隙、易清洁
3904	中药材存放是否与墙壁、地面保持足够距离，是否有虫蛀、霉变、腐烂、泛油等现象发生，并定期检查
3905	应用传统贮藏方法的同时，是否注意选用现代贮藏保管新技术、新设备
*4001	生产企业是否设有质量管理部门，负责中药材生产全过程的监督管理和质量监控
4002	是否配备与生产规模、品种检验要求相适应的人员
4003	是否配备与生产规模、品种检验要求相适应的场所、仪器和设备
4101	质量管理部门是否履行环境监测、卫生管理的职责
4102	质量管理部门是否履行对生产资料、包装材料及中药材的检验，并出具检验报告书
4103	质量管理部门是否履行制订培训计划并监督实施的职责
4104	质量管理部门是否履行制订和管理质量文件，并对生产、包装、检验、留样等各种原始记录进行管理的职责
*4201	中药材包装前，质量管理部门是否对每批中药材，按国家标准或经审核批准的中药材标准进行检验
4202	检验项目至少包括中药材性状与鉴别、杂质、水分、灰分与酸不溶性灰分、浸出物、指标性成分或有效成分含量
*4203	中药材农药残留量、微生物限度、重金属含量等是否符合国家标准和有关规定
4204	是否制定有采样标准操作规程
4205	是否设立留样观察室，并按规定进行留样
4301	检验报告是否由检验人员、质量管理部门负责人签章并存档
*4401	不合格的中药材不得出厂和销售
4501	生产企业的技术负责人是否有相关专业的大专以上学历，并有中药材生产实践经验
4601	质量管理部门负责人是否有相关专业大专以上学历，并有中药材质量管理经验
4701	从事中药材生产的人员是否具有基本的中药学、农学、林学或畜牧学常识，并经生产技术、安全及卫生学知识培训
4702	从事田间工作的人员是否熟悉栽培技术，特别是准确掌握农药的施用及防护技术

续表

条款	检查内容
4801	从事加工、包装、检验、仓储管理人员是否定期进行健康检查，至少每年 1 次；患有传染病、皮肤病或外伤性疾病等的人员不得从事直接接触中药材的工作
4802	是否配备专人负责环境卫生及个人卫生检查
4901	对从事中药材生产的有关人员是否定期培训与考核
5001	中药材产地是否设有厕所或盥洗室，排出物是否对环境及产品造成污染
5101	生产和检验用的仪器、仪表、量具、衡器等其适用范围和精密度是否符合生产和检验的要求
5102	检验用的仪器、仪表、量具、衡器等是否有明显的状态标志，并定期校验
5201	生产管理、质量管理等标准操作规程是否完整合理
5301	每种中药材的生产全过程均是否详细记录，必要时可附照片或图像
5302	记录是否包括种子、菌种和繁殖材料的来源
5303	记录是否包括药用植物的播种时间、数量及面积；育苗、移栽以及肥料的种类、施用时间、施用量、施用方法；农药（包括杀虫剂、杀菌剂及除莠剂）的种类、施用量、施用时间和方法等
5305	记录是否包括药用部分的采收时间、采收量、鲜重和加工、干燥、干燥减重、运输、贮藏等
5306	记录是否包括气象资料及小气候等
5307	记录是否包括中药材的质量评价（中药材性状及各项检测）
5401	所有原始记录、生产计划及执行情况、合同及协议书等是否存档，至少保存至采收或初加工后 5 年
5402	档案资料是否有专人保管

中药材 GAP 是行政法规，属政府行为，它的实施必然会依法强制执行。

中药材 GAP 是中药生产全过程的源头，没有中药材 GAP，就没有中成药 GMP、新药研制开发的药物非临床研究质量管理规范（good laboratory practice，GLP）和药物临床试验管理规范（good clinical practice，GCP），更没有药品供应的药品经营质量管理规范（good supplying practice，GSP）。

第二节　玄参GAP生产技术

一、玄参生产技术规程

（一）范围

本标准规定了巴东玄参生产的术语和定义、产地环境条件、繁殖材料、繁育方式、田间管理、病虫害防治、采收与加工、标志、包装、贮存、运输。

本标准适用于湖北省巴东县及适宜地域玄参的生产。

（二）规范性引用文件

下列文件中的条款通过本标准的引用而成为本标准的条款。凡是注日期的引用文件，其随后所有的修改单（不包括勘误的内容）或修订版均不适用于本标准，然而，鼓励根据本标准达成协议的各方研究是否可使用这些文件的最新版本。凡是不注日期的引用文件，其最新版本适用于本标准。

《环境空气质量标准》（GB 3095）

《农田灌溉水质量标准》（GB 5084）

《农药合理使用准则》（GB/T 8321.1—8321.7）

《土壤环境质量标准》（GB 15618）

《绿色食品　肥料使用准则》（NY/T 394）

《地理标志产品　巴东玄参》（DB 42/T 376）

（三）术语和定义

下列术语和定义适用于本标准。

1. 玄参（Scrophularia Radix）

玄参科植物玄参（*Scrophularia ningpoensis* Hemsl.）的干燥根。

2. 巴东玄参（Scrophularia Radix in Badong）

产于湖北省巴东县及适宜地域的玄参。

3. 清棵（clearance bud）

清除玄参幼苗多余的纤细腋芽，以利作物生长。

4. 子芽（bud）

玄参根茎部分蘖出的新生芽，是玄参的繁殖材料。

（四）产地环境条件

1. 海拔高度

500 ~ 1 700 m，最适宜为 1 200 ~ 1 400 m。

2. 气候条件

全年有效积温 2 750 ~ 3 200 ℃，年平均气温 10 ℃，全年无霜期 200 天左右，全年降雨量不低于 1 300 mm。产地范围符合《地理标志产品　巴东玄参》附录 A 的规定。

3. 土壤环境质量

土层深厚、土质疏松、富含腐殖质、排水良好、富含有机质、pH 值为 4.9 ~ 6.5 的黄棕壤或砂壤，土壤质量应符合《土壤环境质量标准》二级标准的规定。

4. 灌溉水质量

应符合《农田灌溉水质量标准》二级标准的规定。

5. 环境空气质量

应符合《环境空气质量标准》二级标准的规定。

6. 产地生态环境

森林覆盖率在 60% 以上，生态条件良好，远离污染源，并具有可持续生产能力的农业生产区域。

（五）繁育

1. 种苗采收

11 月下旬或在植株落叶后，采收无病、芽头洁白、切除老蔸和细根后的健壮子芽作为种苗。

2. 子芽越冬贮藏

选择翌年栽种玄参的向阳缓坡田块，开宽 1.33 m，长 3 ~ 5 m，高 15 cm 的厢，周围开好排水沟。将种芽单层依次摆于厢内，芽头向上，盖细土 10 cm。12 月中旬用秸秆覆盖厢面保温，防冻。2 月下旬选晴天，揭开覆盖物，清理沟厢，泼浇稀释后的沼液，促进早发。

（六）栽种

1. 选地整地

玄参忌连作，选土层深厚、疏松肥沃、排水良好，两年以上没有栽种过玄参的砂质壤土田块，12 月深翻土地 25 cm，翌年 3 月上旬耙细，整平，除草。

2. 栽培模式

1）单作露地栽培

在整好的地上沟施充分腐熟的农家肥 2 500 kg/ 亩、钙镁磷肥 30 kg/ 亩、硫酸钾 8 kg/ 亩作为基肥，施肥后做垄，垄间距 80 cm。垄上双行穴栽玄参子芽，行间距和穴间距均为 30 cm，穴深 10 cm，每穴栽植健壮子芽 1 个，芽头向上，覆细土 3 ~ 5 cm，再整理垄面。密度 5 000 株 / 亩。

2）单作地膜栽培

开沟、施肥、做垄同单作露地栽培。在垄上用幅宽 60 cm 的超微膜覆盖，垄上采光面 30 cm 以上，两边压实。在覆盖薄膜后的垄上用打孔器按窄行距 30 cm，株距 30 cm 打双行孔，孔深 5 ~ 8 cm，每孔内栽植健壮子芽 1 个，芽头向上，覆细土 3 ~ 5 cm，密度 5 000 株 / 亩。

3）玄参和马铃薯套种

开沟、施肥、做垄同单作露地栽培。每 2 垄玄参之间套种 1 垄马铃薯，玄参栽种方法同单作地膜栽培，玄参密度 3 700 株 / 亩。

4）马铃薯、玉米、玄参三熟套种

开沟、施肥、做垄同单作露地栽培。马铃薯、玉米、玄参分垄种植，相邻两垄不种同一种作物。玄参栽种方法同单作地膜栽培，玄参密度 2 000 株 / 亩。

（七）田间管理

1. 接苗补苗

幼芽出土后及时破膜接苗，防止高温灼伤幼苗。4 月初苗出齐后，逐行检查，发现缺苗和死苗及时补栽。

2. 中耕除草

露地栽培：除草 3 次，第一次在 4 月初苗出齐后，第二次在 5 月中旬至 6 月上旬，第三次在 6—7 月封行前。

地膜栽培：除草 2 次，第一次在 5 月中旬至 6 月上旬，第二次在 6—7 月封行前。

3. 清棵打顶

清棵：6 月中下旬剔除基部长出的纤细腋芽。

打顶：8 月中下旬剪掉主茎无叶花薹，促进块根膨大。

4. 施肥追肥

1）施肥

以有机肥为主，化肥为辅，保持或增加土壤肥力及土壤微生物活性。施肥应符合 NY/T 394 的规定。

2）追肥

露地栽培追 3 次肥，第一次在中耕后，每亩追施腐熟人畜粪水 1 500 kg，加尿素 10 kg；第二次中耕后追施沼液，每亩用量 2 000 kg，加过磷酸钙 30 kg、硫酸钾 10 kg；第三次中耕后追施磷钾肥沤制的堆肥，堆肥配比是 1 500 kg 土杂肥加 50 kg 过磷酸钙、25 kg 硫酸钾。每亩施 1 000 kg。追肥后浅培土。地膜栽培的玄参在 6—7 月封行前，结合铲除行间杂草每亩打孔穴施尿素 10 kg，追肥后盖细土封口。

（八）病虫害防治

采取农业防治与药剂防治相结合的综合防治措施，农药使用符合《农药合理使用准则》的规定。

1. 防治措施

1）农业防治措施

冬至前深翻土地，立春至雨水前清除杂草枯枝落叶，生长期采取拔除病株、科学施肥等措施抑制病虫害发生。

2）药剂防治措施

按 GB/T 8321 规定执行，药材采收前 30 天内禁止喷施各类农药。

2. 病害防治

常见病害有斑枯病（叶枯病）、斑点病、白绢病、轮纹病。

1）斑枯病和斑点病

（1）农业防治。清除田间杂草，降低田间湿度，控制病原物蔓延。

（2）药剂防治。用 0.5% 倍量式波尔多液（硫酸铜 0.5 kg、生石灰 1 kg、水 100 L）喷雾进行预防，开花前用 25% 多菌灵可湿性粉剂实施防治，药剂用量每亩不超过 50 g，稀释浓度 400 ~ 600 倍。

2）白绢病

（1）农业防治。发现初发病株，及时拔除销毁，并用石灰水消毒病穴。

（2）药剂防治。用 50% 甲基托布津或多菌灵，稀释浓度 800 倍。

3）轮纹病

（1）农业防治。选用无病种芽，清洁田园，排水通畅。

（2）药剂防治。预防为主，苗期用 1% 等量式波尔多液喷洒预防，每 15 天喷洒 1 次。发现病株时，用 50% 代森锰锌 500 倍液、50% 多菌灵、70% 甲基托布津 600 倍液，间隔 15 天左右轮换药剂，各喷洒 1 次。

3. 虫害防治

主要害虫有蚜虫、红蜘蛛、地老虎、蜗牛等。秋季铲除田间杂草等寄主植物，破坏其越冬场所。深翻冬冻土地。人工捕捉或毒饵诱杀（地老虎）。发现蚜虫，可在玄参苗期用洗衣粉 250 g/ 亩兑水 200 倍喷洒，或在有翅蚜迁入为害期间用黄色粘胶板诱杀蚜虫。

（九）采收与加工

1. 采收

1）采收时间

11 月上中旬茎叶枯黄时。

2）采收方法

先割去茎秆，然后将地下部分挖起，掰下块根，去掉芦头。同时选择优良的子芽留作繁殖材料。

2. 加工

1）晾晒、发汗

晴天将块根在晒场内白天晾晒，夜间堆积发汗，反复晾晒堆积至半干（手捏无柔软感）再堆积 2 ~ 3 天，上面覆盖秸秆，使块根内部变黑后再晒干。

2）炕房烘炕

遇雨天时块根置于炕房内烘炕，每层堆积厚度不超过 20 cm，炕房内温度控制在 50 ℃以内，每天翻动 2 次，炕至半干（手捏无柔软感），堆积 4 ~ 5 天，再烘干。水分不大于 15%。

3）精选

剔除杂物，除去泥沙、须根。

3. 药材质量要求

按《地理标志产品 巴东玄参》规定执行。

（十）标志、包装、贮存及运输

按《地理标志产品 巴东玄参》规定执行。

二、玄参子芽（种芽）生产操作规程

（一）子芽（种芽）生产

在基地重点户选择多年未种过玄参、不渍水的田块作为种苗田。玄参采挖后，先分别掰下块根和子芽，再将子芽装入篾筐。

（二）包装、运输

1. 包装

采收前备好有盖篾筐，采收后，在田头按种芽重量 10% 筛细土，先给筐底撒一层，然后一层种芽一层土，将种芽装入筐内。装芽必须细致操作，切勿碰撞挤压。每筐（含细土）装 50 kg 以内。

2. 运输

运输要放单层，不能高堆重压。运输和贮存时间不能超过半个月。环境温度 2 ~ 10 ℃，筐内温度不超过 12 ℃。

（三）育芽式贮藏越冬

1. 开厢、盖土、开排水沟

在田头开宽 1.33 m，长 3 ~ 5 m 的厢，厢深 15 cm。将种芽一个挨一个摆于厢内，单层，盖细土 8 ~ 10 cm，周围开好排水沟。

2. 越冬管理

小雪过后要用秸秆覆盖厢面保温，勤观察防止受冻。疏通周围排水沟，防止雪水灌入厢内。

3. 培育壮芽

立春后，选晴天，揭开覆盖物，泼浇腐熟稀粪水追肥，用量视厢土干湿确定，厢土干燥可多浇，厢土潮湿可适当少浇。栽前 3 天再用腐熟好的稀粪水追一次“送嫁肥”。追肥量同样根据厢内干湿度确定，厢面干燥可适当多浇，湿度大要少浇。

4. 记录

填写贮藏记录。

三、玄参施肥操作规程

（一）底肥

1. 施肥时间

2 月上旬栽种前 10 天整地施肥。

2. 施肥方法

单作玄参田，土地深翻耙细后，在计划进行地膜栽培宽窄行种植的田块，按行距 80 cm 开沟，露地栽培的，按行距 40 cm 开沟，将肥料均匀条施于沟内；玄参、马铃薯 2∶1 套作田块，在带宽 1.8 m 内按等距开 3 条沟，将肥均匀条施于沟内（两条做垄后栽玄参，另一条沟做垄后栽马铃薯）；玄参、马铃薯、玉米三熟套作田，在带宽 1.8 m 内按等距离划 3 条线，在其中一条线上开沟，将肥均匀条施于这条沟内。

3. 肥料种类和施肥量

按每亩施入腐熟农家肥 1 500 kg，复合肥［含氮 14%、五氧化二磷（P_2O_5）16%、氧化钾（K_2O）15%］25 kg，施肥后做垄。

（二）追肥

1. 追肥时间

第一次追肥在 4 月下旬至 5 月上旬，第二次在 6 月下旬，第三次在 7 月中下旬。

2. 肥料种类、追肥方法和用量

第一次用充分腐熟的人畜粪水每亩 40 担（每担 40 kg）、尿素（含氮 46%）10 kg，粪水、尿素开穴分别施入，施肥后覆土。

第二次追施浓度稍大的腐熟人畜粪水，每亩 30 ~ 40 担加过磷酸钙 20 kg 、硫酸钾 10 kg，开穴施入，施肥后覆土。地膜栽培的，打孔穴施，施肥后用细土封口。

第三次根据玄参田块的供肥潜力和玄参苗稼长势看田、看苗追肥，供肥能力弱、苗稼长势差的田块，追施磷、钾肥沤制的堆肥，亩施 1 000 kg，追肥后浅培土。

（三）记录

每次施肥都必须按玄参生产过程填写施肥记录。

四、农家肥腐熟标准及腐熟操作规程

腐熟：茎、叶、秆等难分解有机物经发酵腐烂成有效肥分和腐殖质的过程。

（一）牛栏粪

牛栏粪是牛粪尿和垫料的混合物，分解腐熟慢，发热量小。没有完全腐熟的牛栏粪一般多呈棕色，具有霉烂气味，其外形特征是“棕、软、霉”。牛栏粪腐熟时，纤维分解作用减缓，腐殖质化作用加强，反应呈碱性，有氨的臭味，外观变黑，质地变软，俗称“黑、烂、软”。施用牛栏粪应将出栏的牛粪堆积在田边，堆一层撒一层生石灰，上面盖一层细土，堆积 15 天以上，达到“黑、烂、软”的状况时再行施用。

（二）猪粪

腐熟好的猪粪质地细，堆温降低、物料松散、粉状、黑褐色、无异臭味。干猪粪的腐熟可参照牛栏粪腐熟方法进行。

（三）人粪尿

人体排泄出的粪和尿的混合物。经无害化处理后，方可施用。目前最有效的办法是通过沼气池发酵，将沼液作为肥料使用。

（四）堆肥

利用人畜粪尿、作物秸秆、杂草、泥土等各种有机物混合后堆腐，堆腐 30 天以上，产生高温后散开，散热后再使用。

五、培土及排渍操作规程

（一）培土

培土是种植玄参获得高产的一项重要措施。7 月上中旬结合第三次中耕追肥，用锄头将提畦土覆于株旁，以促进块根生长，保护芽头，防止肥水流失和植株倒伏。

（二）排渍

1. 选地

根据玄参喜湿润但怕渍、土壤水分过重时易乱根和产生病害的特点，选择缓坡地或排水良好的田块种植玄参。

2. 整地

整地栽种时开好四周排水沟。

3. 生长期管理

在玄参全生长过程中，要结合中耕，清沟排渍，特别是大雨后要及时采取排渍措施，防止渍害。

六、玄参补苗除草、清棵打顶操作规程

（一）补苗除草

1. 补苗

4 月上中旬玄参出苗后，逐行检查，发现缺苗和死苗及时补栽，用小尖木棒在缺穴位置戳一小孔，将健壮子芽的芽头向上放于孔内然后覆土。

2. 除草

露地栽培的，苗出齐后，4 月上中旬及时浅耕除草 1 次；5 月中旬至 6 月上旬适当深耕除草；6—7 月封行前，再次中耕除草，并浅培土。地膜栽培的，铲除行间杂草。

（二）清棵打顶

1. 清棵

6 月中下旬，将从子芽上长出的纤细茎剔除，保留 2 根或 3 根粗壮主茎。

2. 打顶

8 月中下旬主茎开花时用剪刀或镰刀将主茎顶部出现的花薹和部分腋芽花薹剪掉或割去，所剪或割的花薹带出田间。

（三）记录

每次田间操作按记录项目做好记录。

七、病虫害综合防治

玄参生长期病害的防治重点是叶斑病和轮纹病，虫害的防治重点是苗期蛴螬和小地老虎。根据近几年病虫害发生特点，确定“农业防治为基础，化学药剂作辅助，控制残留是前提，确保质量是关键”的综防原则。病害的防治：叶斑病以预防为主，推广抗病良种，与禾本科作物或蔬菜轮作，不连作；轮纹病采取拔除病株、铲除杂草、冬季清洁田园等防治措施。苗期害虫防治，要结合松土锄草人工捕杀。病虫害需要采取药剂防治时，执行国家对中药材种植过程中农药使用管理规定，按《中药材 玄参主要病虫无害化治理技术规程》，选用低毒无残留农药时，采用最低有效浓度和施药次数，以确保玄参药材的质量稳定。

八、农药使用操作规程

（一）施药前准备

1. 施药器械、防护设备、注意事项

统一采用 WX-16 型背负式手动喷雾器。佩戴手套、口罩等，在作业时禁止进食、饮水、抽烟。

2. 器械检查

先用清水洗净喷雾器，并检验喷药器械是否正常，雾点是否均匀。

3. 计量控制试验

在喷雾器中先装 5 kg 清水，目测 0.1 亩地进行试喷，看一下用什么样的速度才能控制住规定的用药液量。

4. 确定剂量和兑水量

认真阅读使用说明，按国家对中药材种植过程中的农药使用管理规定，确定最低有效浓度和亩用药剂量。按浓度比例和喷雾器容积配制每桶溶液。

（二）喷药

1. 视病情轻重程度喷雾

重病地段运行速度稍慢，病情轻度地段加快运行速度。禁止加大浓度和重喷。

2. 套作田喷雾方法

只喷玄参植株，严防将药液喷于其他作物上。

（三）喷药结束后处理

1. 器械空瓶（袋）处理

喷药结束后，在空荒地段舀水清洗喷药器械。空瓶（袋）集中焚烧，或挖坑深埋。

2. 插挂警示牌

在田头插挂标牌，在农药有效期内禁止人、畜进入田内。

3. 填写喷药记录

认真填写农药使用记录，不能有空项。

九、玄参采收、干燥、除杂操作规程

（一）采收

1. 参采收时间

11 月中下旬。

2. 采收工具

洁净的镰刀、锄头、篾筐等。

3. 采收方法

先割去茎秆，用洁净的锄头将玄参茎基着生的块根和子芽挖起或用手拔起，掰下块根，去掉芦头。

（二）干燥

1. 设施

每户晾晒场地应不少于 60 m^2，清洁卫生，应具备防雨、鼠、虫及禽畜等设备。

2. 方法

玄参运到晒场，晒至表面收水后，切去残留的芦头茎秆，白天边晒边翻动，夜间堆积加覆盖物，反复数日至半干，再堆积 3 ~ 5 天“发汗”，使块根内部变黑，再继续日晒夜堆，直至全干。遇雨天可在传统烤火房烘炕，并随时翻动。

（三）除杂拣选

1. 田间采收拣选

掰下的块根在田间抖去泥沙，摘掉附着的残膜和其他杂物，特别是药材产地一般都有种植白附子的习惯，必须将采挖时混杂的白附子等有毒药材除去。

2. 晒、烘拣选

在晒场或烤火房洁净处，将玄参散开逐个去泥沙、芦头和附着的残膜及其他杂物。

3. 清洁晒场

晾晒过程中，每天傍晚将玄参耙拢堆积，第二天先清扫晒场上的泥沙及杂物再摊开晾晒，并随时清理拣选混杂物。

4. 撞须除杂

烘晒干后，及时用撞篓和筛篮将须根和杂质撞掉或筛出。

十、栽培加工流程

（一）玄参种植流程（表6.2）

表 6.2　玄参种植流程

流程	内容
育芽床培育壮芽	在下年度计划种玄参的田头开宽 1.33 m，长 3 ~ 5 m 的厢，厢深 15 cm。将种芽一个挨一个摆于厢内，单层，盖细土 8 ~ 10 cm，周围开好排水沟。12 月下旬用秸秆覆盖厢面保温，防止受冻。立春后，选晴天，揭开覆盖物，泼浇腐熟稀水肥（沼液）进行追肥

续表

流程	内容
整地施基肥	单作田，按行距 0.8 m；两熟套作田 1.33 m 划 2 条线；三熟田 1.8 m 划 3 条线，一条线开沟栽玄参，每亩用腐熟农家肥 1 500 kg，复合肥 25 kg，条施后做垄
栽种规格	在做好的垄上栽双行，按株距 30 cm 开穴，窄行距 30 cm，穴深 10 cm。每穴放精选的子芽 1 个。芽头向上。亩栽 5 000 株，两熟套作田亩栽 3 700 株，三熟田亩栽 2 000 株。芽栽好后，覆土 3 ~ 5 cm，再整理垄面。海拔 1 200 m 以上的地区，在施足基肥的前提下，可以采用地膜栽培
除草清棵、追肥	4 月上旬及时补苗，苗齐后松土除草，亩用腐熟稀水肥（沼液）1 000 kg 或尿素 10 kg 追肥。5 月中旬至 6 月上旬需适当深耕除草。结合锄草，去掉基部生长的纤细腋芽。6—7 月封行前，再次中耕除草，第二次中耕后追施浓度稍大的腐熟稀水肥（沼液），每亩追施用量 30 ~ 40 担，或用备好的堆肥
防治病虫	6 月下旬，喷 1 次波尔多液保护剂。斑点病发病初期摘除病叶和枯枝落叶并烧毁。中部叶片出现多量病斑时，用 25% 多菌灵可湿性粉剂 400 ~ 600 倍液喷灌，药剂用量亩不超过 50 g。同时进行清沟排渍锄草，降低田间湿度
打顶	主茎花期去掉顶端花薹，间套马铃薯的田块在马铃薯收获后及时打顶。所打下的花薹带出田间
采收	11 月中下旬块根成熟时及时采收

（二）药农玄参初加工技术流程（表6.3）

表 6.3　药农玄参初加工技术流程

流程	内容
除杂、去泥沙	采收时去除杂质和泥沙
第一次晾晒	在洁净的晒场晒至五成干
发汗	堆积覆盖 3 ~ 5 天，至表面脱水，手捏无柔软感
第二次晒、烘	继续晒、烘至全干
整理分级	去除芦头、须根后按商品分级标准分级
包装储藏	各等级玄参药材去尽杂质后用定点生产的编织袋分别包装，放置干燥通风处储藏待售

十一、包装前拣选操作规程

（一）适用范围

本规程适用于杂质含量超过标准的玄参药材的拣选。

（二）职责

操作工按操作规程进行玄参药材拣选，现场监督员按操作规程监督玄参拣选操作过程。

（三）拣选程序

1. 拣选前准备与检查

（1）熟悉拣选操作规程。

（2）检查拣选场地是否符合拣选安全要求。

（3）有无与本批药材不相关的物料。

（4）拣选场地是否清洁。

（5）准备用具，包括洁具、装杂物的容器等。

（6）准备拣选记录册。

（7）现场监督员确认是否符合规定。

2. 操作

（1）根据生产指令，将收购的待选玄参转移到拣选车间，码放于拣选架上。

（2）开启除尘器，将玄参药材置于震荡筛上，经震荡下行到拣选台上，人工除去杂物和发霉、变质药材。

（3）拣选结束后，由库管员及时清验，检验合格后，转移至包装车间。

（4）拣选出的杂质、废物，由现场监督员指定位置处理销毁。

3. 清场

拣选完毕，及时清洁拣选场地，用具、器具归还到指定位置。

（四）拣选过程复核，填写拣选记录

操作过程中领料、送料的数量、重量均需要经过库管员与现场监督员当面复核，两人签字认可，同时填写拣选记录。

十二、玄参包装操作规程

1. 包装前准备

（1）按规定程序更衣，进入生产岗位。

（2）清理现场，清除与玄参包装无关的所有物品，以防污染和混淆。

（3）领取包装记录。

2. 包装前检查

（1）检查待包装玄参是否有检验合格证，具有检验合格证方可包装。

（2）检查待包装玄参是否存在劣质品和异物，如有，必须先清除。

（3）检查磅秤是否灵敏，是否在检验合格证的有效期内，否则不得用于称量。

3. 领取物料

领取需要包装的玄参及相应数量的标签和包装物。包装物要清洁、干燥、无污染、无破损。

4. 定量分装

每袋限装 50 kg，最大误差不得超过 0.5 kg。

5. 填写标签

根据分装后的件数填写标签，将填好的标签拴固在包装袋上。

6. 入库

符合标准的包件，入库贮藏。

7. 填写包装记录

按包装记录项目填写好包装记录。

8. 清场

将多余的包装物和标签退回，清除现场垃圾等废物，将工具放回原位，做好清洁卫生。

十三、玄参药材常规检验操作规程

1. 取样

每批药材在5个不同方位进行取样，混合后编一个样号。

2. 检验项目

性状与鉴别、杂质、水分、灰分与酸不溶性灰分、浸出物。

3. 检验

严格按照《中华人民共和国药典》附录中水分测定法、总灰分测定法、酸不溶性灰分测定法、浸出物测定法检验。

4. 检验处理

检验合格，发放检验合格证，并出具检验报告。检验不合格，提出处理意见。

5. 样品处理

合格样品放入样品柜。

6. 记录

做好检验记录。

十四、玄参药材送检取样操作规程

1. 取样要求

（1）取样人。质量管理部负责人和质量检验员。

（2）取样方式。在成品库房同批药材中抽取供检样品，每年不同生产区域的药材至少抽样送检1次。

（3）取样准备。取样工具应有不锈钢探子、勺、铲子、镊子，装样品的布袋或无毒塑料袋，取样记录册等。

2. 抽样比例

（1）总包件数100件。取样5件。

（2）100～1 000件。按5%取样。

（3）超过 1 000 件。超过部分按 1% 取样。

（4）取样部位。在取样包件的 10 cm 以下深处，分别抽取 1% 作为总样品。

3. 样品处理、平均样品量

（1）样品处理。将所取的总样品混合拌匀，依对角线划“×”，分为四等份，取对角 2 份；再如上操作，反复数次至最后剩余的量足够完成所有必要的检验和留样数为止，此为平均样品量。

（2）平均样品量。平均样品量一般不得少于实验所需用的 3 倍，即 1/3 供质检室分析用，另 1/3 供复核用，其余 1/3 留样保存，保存期至少 1 年。

4. 记录

做好取样记录。

十五、留样操作规程

1. 留样批数

每年按基地生产区域留样。

2. 留样观察的内容

主要观察外观、虫蛀、霉变。

3. 样品保存

每批样品均有留样记录，并分类编号贮存于留样专柜中。

4. 样品处理

所有留样不得销售或随意取走，如需动用，须经质检中心负责人批准同意，并做好记录。自取样之日算起，留样时间为 2 年。超过留样期限的药材，由留样员填写《留样样品处理单》，注明品名、批号、剩余量、处理原因、处理方式等，报质检负责人审核。

十六、库房养护操作规程

1. 入库前检查

药材入库前详细检查有无虫蛀、霉变现象。不合格包件要重新整理入库。

2. 卫生管理

经常打扫库房，保持卫生整洁。

3. 通风窗、排风扇的开启

晴好天气，打开库房通风窗；库内温度高于 20 ℃时，打开排风扇。

4. 除湿机的开启

阴雨天气，关闭通风窗；库内湿度高于 70%，开启除湿机。

5. 库房检查

发现虫蛀、霉变及时处理。

6. 翻垛整码

做到堆码合理、整齐、牢固。

7. 垛码间距

垛与墙的距离不小于 50 cm，垛与垛的间距不小于 100 cm，垛与地面的距离不小于 10 cm。

8. 养护记录

每天做好养护记录。

第三节　玄参GAP管理制度

一、玄参基地生态环境监测管理制度

（一）产地大气环境质量

对玄参生产基地环境大气质量采样监测。氮氧化物、二氧化硫、氟化物、TPS（粉尘）四项重要指标应符合《环境空气质量标准》一级标准的规定，做出环境评价，并出具监测（检测）报告。

（二）基地土壤周期性检测

每 4 年对基地土壤环境质量进行 1 次采样检测。采样方法参考全国第二次土壤普查技术规程并结合道地药材 GAP 基地的分布特点，在同一土类条件下，确定以 50 ~ 100 亩为 1 取样单元，检测方法按《土壤环境质量标准》规定进行。监测项目包括重金属镉、汞、铅、砷、铜及农药残留六六六、DDT 以及土壤供肥能力等主要参数。各项指标要符合《土壤环境质量标准》二级标准的规定。

（三）水质检测

每年取样检测 1 次基地水质变化。检测内容：根据玄参种植区域分布特点，基地不存在灌溉，主要是检测基地玄参田块周围源水。监测内容：重金属、农药残留、微生物，各项指标应符合《农田灌溉水质量标准》二级标准的规定。

（四）环境保护

认真贯彻落实国家长江防护林政策，保护天然植被，为药材基地创造良好的环境。基地范围内严禁建造会对空气、土壤和水造成污染的加工设施。

二、玄参种植地选择及轮作制度

（1）种植地块选择。在确定的基地范围内，根据玄参生物学特点及对气候、营养、土宜要求，选择土层深厚，疏松、肥沃、排水良好的砂质壤土种植玄参。黏重、排水不良、盐碱性大的土壤不能种植玄参。

（2）忌连作。2 年内种过玄参的田块不能安排种玄参。

（3）茬口安排。与禾谷类（玉米）作物轮作。禁止与白术、地黄、乌头以及豆科、茄科等易感白绢病的作物轮作。

（4）玄参种苗生产基地的选择。良种种苗繁殖基地，应确定在多年未种过玄参的区域，并经过监测部门检测，切忌连作繁殖。

三、生产资料、包装材料检验制度

（1）玄参基地使用的肥料、农药、包装材料等生产资料必须按制定的内控质量标准进行检验，并出具检验报告。

（2）肥料、农药必须是经国家质量技术检验部门登记的品种。

（3）玄参包装材料应清洁、干燥、无污染、无破损，按统一的规格质量在注册厂家采购。

四、禁止使用城市（街道）生活垃圾和粪便

（1）禁止使用城镇生活垃圾、工业垃圾、废水、医院的废弃物、未经腐熟的人畜粪便。

（2）药材生产基地、药材试验示范基地以及种苗繁育基地禁止使用城市（街道）生活垃圾和粪便。

（3）使用人畜粪时，必须经过质量管理部门检查，确认已经腐熟，才能施用，未经检查认可不得施用。

（4）质量管理部门随时掌握药农肥料使用情况，在播种、追肥等关键季节，会同生产技术部门加强监督检查。

五、化肥使用管理制度

（1）允许施用化肥种类按《绿色食品 肥料使用准则》所述要求执行。

（2）禁止使用未获准登记的肥料产品。

（3）严格按化肥施用方法进行科学施肥。

（4）所有化肥必须与农家肥配合使用。

（5）基地药农施用化肥必须在技术员的指导下进行。

（6）种子、种苗基地用化肥必须严格控制，采购肥料品种、施用时间、用量报请生产技术负责人审批后实施。

六、农药使用管理制度

（1）不准使用高毒、剧毒、高残留农药。

（2）确需使用农药时，必须按无公害中药材生产的要求，使用允许限量施用的农药目录中所列高效、低毒、低残留的农药品种。

（3）严格按《中华人民共和国农药管理条例》的规定执行，当防治对象可用几种农药时，应选择毒性最低的品种，在毒性相当的情况下，选择残留低的品种。

（4）当不同浓度的农药防治效果一样时，采用最低使用浓度及用量。

（5）施药人员必须认真阅读使用说明书，不准在作业时进食、饮水、抽烟。

（6）施药人员必须穿戴防护服装（面具），以防中毒。

（7）施药时不准人、畜在施药区停留，施过药的区域应设立警告标志，并注明在一定时间内不得进入该区域。

（8）施药结束后，要及时对施药器具和防护器具进行清洗，未使用完的药液不得随处乱倒，要妥善统一处理。

（9）农药存放要谨慎，不能放在儿童能拿到的地方。

（10）要做好农药使用记录，包括农药名称、防治对象、施药时间、地点、施用量、施药人等。

七、玄参种苗（子芽）检验及检疫制度

（1）种苗基地的土壤、水、空气质量必须在有资质检测部门检测合格后确定。禁止在有污染源和重病区建基地。生产过程中由基地质量监督员进行质量监测，做好记录。

（2）在检测合格区域内，指定重点户连片繁殖一级良种和二级良种，由基地质量监督员会同生产技术指导员进行巡回检查指导。种植规格、施肥、防治病虫等田间管理严格按标准操作规程进行。

（3）种苗采收后通过基地质量监督员检验，质量达到标准的种苗方可包装调运。不符合要求的种苗不得供给大田栽种。

（4）合格种苗包装上必须附有标签，内容包括品种、产地、药农姓名、数量、采收时间、调运贮藏限定时间、基地质量监督员和生产技术指导员的签名。

（5）种苗调运必须经过县级农业执法大队进行检疫，确定无检疫性病虫害后办理检疫证明，方可实施调运。如发现其带有检疫性病虫害，必须就地销毁。

八、玄参生产排灌水管理制度

1. 育芽床排水、补水

（1）育芽床不能安排在有积水的低洼田块。

（2）厢周围要开好排水沟，下雨、下雪前要注意观察四周排水沟是否畅通，严防厢内积水。

（3）开春后厢面干燥，要用腐熟好的淡粪水泼浇以补充水分。

2. 栽种后大田排水

（1）不能在经常积水的田块栽种玄参，整地栽种前要开好四周排水沟，特别是坡地，要开好山边拦水沟。

（2）大田栽种，旱情严重时要浇水定苗，以保证全苗。雨雪天不能栽种玄参。

（3）暴雨来临时，要观察山边拦水沟是否畅通，防止水土流失，特别是坡地，要采取相应的措施保护耕层土壤不被雨水冲刷。

九、玄参采收、除杂管理制度

（1）采收工具（锄头、箩筐、车辆等）必须保持干净、无污染源。不用时，应清洁后存放在干燥洁净的场所。装肥料的箩筐不能用于采收玄参。

（2）玄参采收必须严格按玄参采收、干燥、除杂操作规程进行。

（3）采挖时尽量避免损伤玄参块根，破损和霉烂变质的玄参必须除去。

（4）掰下的块根必须及时除去附着的残膜、泥沙等。

十、生产基地晒场、烘房卫生管理制度

（1）晒场地面应平整、洁净。周围必须建围栏、篱笆以防止畜禽进入。

（2）必须备有防雨设备。

（3）不得在晒场内吸烟、吐痰、吃东西。

（4）烘房内应设有防虫、鼠、异物混入等设施。

十一、收购拣选场地和库房环境卫生管理制度

1. 收购场地及晒场

（1）周围应为水泥地面。

（2）周围无禽畜圈栏、暴露污水沟、垃圾堆等污染源。

（3）必须随时打扫，保持洁净。

（4）收购场地内不得堆放其他物品和停放车辆。

2. 拣选场地

（1）加工拣选前,应检查生产区域及全部机械、容器、装置和仪器设备是否洁净。

（2）加工拣选后必须及时清场，并填写清场记录，内容包括工序名称、产品名称、产品生产区域（批号）、拣选加工人员、清场时间、清场负责人，复核人签字。

十二、库房养护管理制度

（1）搞好库房内和周围的清洁卫生，随时接受检查。

（2）检验合格并贴有标签的包件才能入成品库房。

（3）未检验的药材和不合格的药材只能放在待验区或不合格区，不能入成品库房。

（4）合理利用仓容，严格按库房养护操作规程码垛。

（5）定期翻码整垛。

（6）每天记录库房的温度、湿度。

（7）随时检查除湿机、排风扇的运行状况，严格按库房养护操作规程开启或关闭。

（8）随时检查入库的药材，发现虫蛀、霉变现象及时处理。

（9）先入库的药材先出库。

（10）随时检查库房电源线路是否完好。用电设施开启后，要专门守护观察。

（11）库房内禁止吸烟、生火。随时检查防盗、防鼠、防鸟雀设施。

十三、药材质量检验及取样送检制度

（1）每批药材包装前，质检部按内控质量标准进行检验。

（2）检验项目为性状与鉴别、杂质、水分、灰分与酸不溶性灰分等。

（3）出具检验报告并由检验人员和质检部负责人签章。

（4）哈巴俄苷含量分析和农药残留、重金属、微生物数量的检测，根据基地生产区域分批，由检验人员按玄参药材送检取样操作规程取样，送具中国计量认证资质的部门委托检验。

十四、质检室安全操作管理制度

（1）每个检验员必须重视安全工作，严格遵守操作规程，杜绝事故的发生。

（2）检验员熟悉本室和周围的环境，了解水、电开关闸门位置及消防用具存放之处，一旦发生事故，可以及时关闭闸门，采取措施避免事故扩大。

（3）使用电器时要谨防触电，不用湿手、湿物接触电开关，如有漏电现象发生，必须关闭电器，严禁继续使用，并马上请电工检修，以防发生事故；实验结束后，应及时把电源切掉。

（4）质检室内严禁儿童进入，严禁进食，更不能用检验仪器作食具，杜绝中毒事故的发生。

十五、留样室管理制度

（1）留样观察工作人员必须具有一定的中药材鉴别基础知识和检验知识。

（2）留样室内应配有温、湿度表，每天检查温、湿度情况，填写记录表。

（3）药材稳定性考察每批留样 500 g。留样药材贴留样标签，填写登记台账。

（4）定期进行贮存期外观检验，按规定做好记录。

（5）留样观察和复检的情况半年小结 1 次、年终总结 1 次。

十六、检验仪器、仪表、器具、衡器维护校验制度

（1）仪器设备的使用部门对每种仪器设备要制定操作规程。

（2）使用的仪器设备经检验合格均应贴统一的绿色（合格）标签。

（3）仪器操作人员必须熟悉仪器的性能与测试原理，严格按规程操作，确保测试数据准确、可靠。

（4）贵重精密的高档仪器必须定位、定人，由专人管理、使用。

（5）仪器使用完毕，应及时做好清洁卫生和相关的处理。将所有开关、旋钮、调节器拨回零位，关闭电源，盖上防尘罩。填写检验仪器使用登记台账。

（6）仪器在使用过程中出现故障或异常情况时，不得继续使用。应由使用人

员填写维修申请单。修理后，经认定合格者方可使用。

（7）仪器设备应按规定周期进行校检，未经校检或超过校检周期的仪器设备不得使用。

（8）未经部门负责人和仪器管理人员同意，任何人不得擅自拆卸或搬动仪器设备。

（9）仪器设备一般不借给外单位人员使用。特殊情况需借用时，应经主管领导同意。

十七、不合格药材处理制度

（1）质量管理部负责不合格品的确认，监控和处理。

（2）经检验发现并确认为不合格药材时，应及时通知相关部门，不得将该批产品包装或发出。

（3）库房在接到质量管理部不合格通知后，应将不合格产品移入不合格区，按处理意见及时进行处理。

（4）质量管理部每年对不合格药材处理情况进行汇总分析，资料存档并报当地食品药品监督管理局备案。

（5）质量管理部对不合格药材处理情况必须详细记录，认真填写不合格药材处理记录表。

十八、运输管理制度

（1）药材出库运输前必须有质量检验合格证和检疫证书。

（2）批量运输时，不与其他有毒、有害、易串味物质混装。

（3）按标准装运，必须加盖防雨、防晒篷布。

（4）专人押运，起运前签订承运协议，填写出运记录。

（5）中途若出现特殊情况，责任人必须及时报告，采取相应措施，妥善处理。

十九、检验报告管理制度

（1）检验报告是质检部门或具有相关资质的检测部门出具的具有法律效力的

证明材料。

（2）检验报告和检验原始记录按部门分类，设立目次装订。

（3）环境监测和药材检验报告属机密文件，必须交档案室妥善保管。长期保存。若需查阅，经请示同意后开借据并登记，限期归还。

（4）检验报告不得拆卸、涂改、遗失。

二十、生产过程记录管理制度

（1）按中药材 GAP 规范要求，对药材生产全过程真实、详细地做好记录，原始记录必须整理归档。

（2）生产记录采用统一编印的记录（册）表。

（3）田间生产记录由基地生产技术指导员填写。

（4）加工拣选记录由现场监督员填写。

（5）库房记录由库房管理员填写。

（6）逐日记载天气现象。

（7）所有原始资料统一存档，至少保存 5 年。

二十一、从事加工、包装、检验、仓储管理人员体检制度

（1）患有传染病、皮肤病、外伤性疾病或精神病的人员，不得从事玄参药材的生产。

（2）从事加工、包装、检验、仓储管理的人员必须定期进行健康检查，办理健康证，至少每年 1 次。体检不合格人员不得继续从事上述工作。

（3）一旦发现身体健康有异常情况的人员，必须向质量管理部报告，及时采取隔离措施，防止造成药材的污染和传染其他人员。

（4）必须为体检人员建立个人健康档案。

二十二、质量管理部培训制度

（1）培训要求包括每年制订培训计划，有组织、目标，分期、分批进行，并实行考核。

（2）培训内容包括 GAP 知识、玄参生产技术、GAP 管理制度。

（3）培训对象包括全体员工、基地全体玄参种植户。

（4）授课人员包括技术依托单位的专家、教授、企业负责人和技术负责人。

（5）建立个人培训档案，内容包括培训教材、员工和基地药农的培训记录卡以及考试试卷等。

二十三、质量管理部工作职责

（1）对中药材生产全过程进行质量监控，发现问题并提出处理意见，对违反质量管理制度的现象进行查处。

（2）审查中药材生产资料、包装材料。对中药材进行检验并由部门负责人审核、签署检验报告。

（3）制订质量控制培训计划，并组织培训。

（4）制定中药材 GAP 质量管理文件及操作规程。

二十四、生产技术部工作职责

（1）对中药材生产全过程进行技术指导。

（2）根据所决定的 GAP 认证品种制定试验研究方案并组织实施。

（3）制定中药材 GAP 生产技术、管理规范性文件。

（4）与质量管理部紧密配合，研究稳定质量、增加效益的中药材种植、采收和初加工技术。

（5）搜集地道药材骨干品种资源，对优良品种提纯复壮，必要时开展系统选育。

（6）整理撰写技术资料，对生产技术部员工和药农进行技术培训，并负责组织基地生产和技术指导。

（7）负责种子种苗基地的建设与生产管理。

二十五、质量监督员岗位职责

（1）对玄参生产全过程进行监控管理，严格执行生产、质量管理制度。

（2）各质控点严格把关，发现问题及时处理，做好详细记录。

（3）配合基地生产技术指导员做好控制质量的宣传工作。

（4）负责种苗基地种苗生产质量控制，采集种苗样本送检。

（5）负责加工拣选过程和库房养护质量监控。

二十六、检验员岗位职责

（1）严格按照现行《中华人民共和国药典》检验操作规程及有关制度等对药材进行检验、记录、计算和判定，严禁擅自改变检验标准。

（2）按时完成各项检测任务。记录、报告要完整、真实。

（3）对所有原料进行检验，建立台账。

（4）填写原、辅料质量月报表。

（5）负责吸管、量筒的校正及滴定液配制后的复标。

（6）随时保持检验室的清洁卫生，实验器皿用完后应按规定清洗干净。

（7）负责包装材料（包装物文字底稿及印刷品）的复核。

二十七、环境卫生管理员岗位职责

（1）严格执行环境卫生管理制度。

（2）对晒场、炕房、质检室、库房等重要区域场所定期检查、消毒，发现问题，及时采取措施。

（3）保持良好的环境卫生状况。

（4）要求工作人员搞好个人卫生，并定期进行检查。

二十八、档案管理制度

（1）所有档案原件必须交档案室统一保管。

（2）根据文书内容、部门、业务项目等因素分类，按照时间顺序系统排列。保存时间分别为永久、长期、短期三种，到期销毁时应登记造册，经主管领导核准。

（3）归档文件，检查文本及附件是否完整，如有短缺，立即追查归入；文件的处理手续必须完备，如有遗漏，立即退还经办部门补办。

（4）文件资料必须按标准统一装订，注明卷号、标题。

（5）随时维护档案整洁，防止虫蛀腐蚀。

（6）查阅档案，填写查阅记录，查阅后立即归还。

（7）外借档案须经主管领导同意，向档案室开借据，并确定归还日期，借据经领导签字后方可将档案借出，到期立即追回。

二十九、档案管理员岗位职责

（1）对公司的文书、协议、检测报告、原始记录档案进行收集、整理、立卷。

（2）认真维护档案，保证档案安全、完整，防止虫蛀腐蚀。搞好档案室环境卫生。

（3）坚守工作岗位，积极开展档案利用工作。

（4）严格执行档案管理制度，做好相关记录。

（5）认真学习相关法律法规，提高业务技能，保证档案质量。

第七章　主要中药材栽培技术

第一节　玄参栽培技术

一、概述

玄参是多年生草本植物，以干燥根入药。《中华人民共和国药典》收录的玄参为玄参科植物玄参干燥根,是湖北省巴东县“一县一品”中药材品种,应用历史悠久,为我国传统常用中药材。玄参条粗壮，质坚实，断面乌黑色，一般长 6 ~ 20 cm，直径 1 ~ 3 cm。根含玄参素，性微寒，味甘、微苦，归肺、胃、肾经，具有凉血滋阴、泻火解毒的功能，主要用于治疗热病伤阴、舌绛烦渴、温毒、发斑、津伤便秘、骨蒸劳嗽、目赤、咽痛、白喉、瘰疬、痈肿疮毒等症。

二、产地分布

野生玄参主要分布于湖北、四川、贵州、云南、广西、安徽等地；家种玄参主要分布于湖北、贵州、河北、陕西、山东、河南、四川、湖南、浙江等地。玄参在湖北巴东主要分布于绿葱坡镇、野三关镇、水布垭镇等。

三、植物形态特征

玄参是多年生草本植物，株高 80 ~ 150 cm，根数条，肥大，长圆柱形或纺锤形，长 6 ~ 20 cm，直径 1 ~ 3 cm，下部常分叉，外皮灰黄色或灰褐色。茎直立，四棱形，光滑或有沟纹；下部叶对生，上部叶有的互生，卵形至披针形，基部圆形或近截形，边缘具钝锯齿，齿缘反卷；叶背有稀疏散生的细毛。聚伞花序疏散展开，成圆锥状；花梗长 1 ~ 3 cm，萼片 5 裂，卵圆形，先端钝；花冠暗紫色，长约 8 mm，5 裂；雄蕊 4 枚，2 强，另有 1 枚退化的雄蕊，呈鳞片状，贴生在花冠管上；子房上位，2 室，花柱细长。蒴果卵圆形，先端短尖。种子多数，卵圆形，黑褐色或暗灰色。花期 7—8 月，果期 8—9 月。

四、生态环境

玄参野生于海拔 1 600 m 以下的山脚或山谷阴湿的草丛或溪沟边丛林下，一般种植在海拔 800 ~ 1 300 m 向阳的低坡地。喜温暖湿润的气候环境，稍能耐寒，生长期要求雨水均匀。土壤以土层深厚、疏松肥沃、排水良好的砂质壤土为宜。忌连作，宜与禾谷类作物轮作，不宜与白术、地黄、乌头及豆类作物轮作。土质黏重、排水不良、盐碱性大的土地不宜种植。

五、生物学特性

玄参地上部生长期为 3—11 月，3 月中下旬平均气温为 12 ~ 13.6 ℃时开始出苗，而后植株生长速度随着气温升高而逐渐加快，当月平均气温为 20 ~ 27 ℃时茎叶生长较快，在地上部生长高峰之后，根部生长逐步加快。8—9 月气温 21 ~ 26 ℃时为根部生长最适时期，根部块茎明显增粗增重。10 月后气温逐渐下降，植株生长速度缓慢，至 11 月，地上部枯萎。

六、生长周期

野生玄参为多年生植物，家种玄参种植周期为 1 年。

七、栽培技术

（一）选地整地

1. 选地

宜选择土层深厚、疏松肥沃、排水良好、富含腐殖质的砂质壤土。土壤过于黏重、易积水的地块，植株生长差，根部容易腐烂，故不宜种植。

2. 整地

玄参系深根植物，在前作收获后，深翻土地，施足基肥，每亩施腐熟厩肥1 500～2 500 kg作为底肥，适当增施磷、钾肥。先把肥料铺于地面，然后翻入土中。经精耕细作再做畦，畦宽120 cm，畦沟宽30 cm、深20 cm，畦面呈瓦背形，四周开好排水沟，山坡地要横山做畦，以防水土流失，同时注意开好排水沟，待栽。

（二）繁殖方法

玄参可采用根芽繁殖、分株繁殖和种子繁殖，生产上以根芽繁殖为主（种子繁殖需3年以上才能收获）。

1. 选种及贮藏

在11月收获玄参时，选生长粗壮、无病虫害的植株上未出土、白色的新生芽作为繁殖材料［芽头呈红紫色、青色，开花芽（芽鳞开裂）、细芽及带病子芽均不宜留作种用］。从中选茎粗2 cm、长3～4 cm的新生根芽，用刀削下，随挖随栽。若翌年春栽，应将其窖藏。在地势高燥的向阳处，挖一个深50 cm左右、宽60～90 cm的窖，长度视根芽多少而定。窖底整平，铺厚10 cm的清洁河沙，然后将根芽分层贮入窖内，一层根芽一层湿沙，埋严芽头，覆土盖草，防止冻害。以后随着气温的下降，加厚土层保温保湿。可在湿式积层中央插一束麦秆以利通气，防止发热而造成种源腐烂。窖的四周开好排水沟，窖顶做成龟背形，严防积水腐烂。贮藏期间经常检查，发现霉烂、发芽、长根或窖内发热等现象，要及时翻窖，剔除青色、红紫色、芽鳞开裂或变质的根芽，重新换清洁河沙窖藏。

2. 栽种

12月至翌年2月下旬均可栽种，取出老蔸，削下白色的健壮根芽立即栽种。在整好的畦面上，按行距50～60 cm、株距25～30 cm挖穴，穴深10 cm左右，呈“品”字形错开排列，将芽头向上，每穴放种栽1个，覆土厚3～5 cm，浇水湿润，推平畦面，盖草保湿保温。根芽繁殖每亩需用种50 kg左右，亩栽4 500株左右。

（三）田间管理

1. 中耕除草及追肥

根芽栽后 1 个月左右出苗。出苗后及时揭去盖草并进行中耕除草和追肥。生长期一般进行 3 次：第一次在 4 月上旬齐苗后进行，宜浅松表土，除净杂草，喷施稀薄人畜粪水；第二次在 5 月中旬苗高 20 ~ 30 cm 时进行，中耕稍深，除净杂草，每亩施入腐熟农家肥或堆肥，促进幼苗生长健壮；第三次于 7 月上中旬进行，结合中耕除草，每亩施入腐熟农家肥或堆肥 1 000 ~ 1 500 kg 或加过磷酸钙 50 kg、腐熟饼肥 50 kg 混拌均匀后于株旁开环状沟施入，施后覆土盖肥并浇水湿润，促进地下块根膨大。

2. 培土

培土是玄参管理工作中一项重要措施。在第三次追肥后，将畦沟底部泥土铲起壅于植株旁，以保护根茎部及子芽生长，使白色子芽增多，芽瓣紧闭，同时减少开花芽、青芽、红芽，以提高子芽质量，并固定植株，发挥保湿、保旱和保肥作用。

3. 摘蕾打顶

6 月中下旬剔除玄参茎基部长出的多余纤细腋芽（清棵）；7—8 月植株上部形成花蕾至初花期，除留种植株外，及时将花梗摘除，减少植株养分消耗，使养分充分满足地下块茎的生长（控上促下）。

4. 灌溉排水

玄参较耐旱，一般不需要灌溉。如遇长期干旱，可在太阳未出前浇水。雨季注意开沟排水，防止积水引起块根腐烂。

八、病虫害防治

1. 病害

1）玄参斑枯病

是由真菌中的一种半知菌引起的，高温多湿时容易发病，6—8 月发生较重，一直可延续至 10 月。发病从植株下部近地面处叶片开始，初期叶片上出现白色小斑点，以后逐渐扩大为多角形、圆形或不规则的白色斑病，后期病斑上散生许多黑色小点，随后逐渐蔓延至全株叶片，严重时整株植株叶片卷缩，变褐枯死。

防治方法：玄参收获后，及时清除田间残株病叶，集中烧毁或深埋，消灭越冬病原菌；选择与禾本科作物轮作，尽量避免与白术、番薯、花生、地黄、白芍等作物轮作；有机肥经腐熟后施用，勤中耕、除草，促使植株健壮生长，增强抗病能力；在雨季及时开沟排水，降低田间湿度，增加通风透光度；发病初期及时清除病叶，每隔 7 ~ 10 天喷施 1∶1∶100 波尔多液进行保护，连续喷施 3 次或 4 次，5 月中旬开始可喷施 500 ~ 800 倍丙森锌液，每隔 10 ~ 14 天喷施 1 次，连续喷施 4 次或 5 次。

2）玄参白绢病

主要为害根部及根茎，引起根部腐烂。于 4 月下旬开始发生，6 月下旬至 8 月上旬高温潮湿时为发病盛期，可延续至 9 月。田块土壤排水不良及施用未经腐熟的有机肥均能加重发病，引起根部腐烂，病株迅速萎蔫枯死。

防治方法：与禾本科作物轮作，忌连作，不与易染病的地黄、附子、白芍、太子参及花生等作物轮作；整地时每亩用石灰 50 kg 翻入土中进行消毒；根芽种栽时用 50% 甲基硫菌灵 1 000 倍液浸种 5 min 后晾干栽种；初期发病时用 50% 多菌灵可湿性粉剂 800 倍液喷施田块植株；加强田间管理，平坦低洼地及多雨地区应采用高畦种植，四周开好排水沟，增强通风透光性；发现病株及时拔出，集中烧毁，并去除病穴土壤，四周撒石灰粉消毒处理。

3）玄参叶斑病

主要为害玄参叶片，于 4 月中下旬在植株下部叶片开始发生，染病叶片出现大小不等的黑褐色圆形斑点，大多数病斑叶片穿孔，8—9 月逐渐蔓延全株。

防治方法：及时清除田间残株病叶，集中烧毁和深埋，消灭越冬病原菌；发病初期用 1∶1∶100 波尔多液或 65% 代森锰锌 400 ~ 500 倍液喷雾，每隔 7 ~ 10 天喷施 1 次，连喷 2 次或 3 次。

2. 虫害

1）红蜘蛛

主要为害玄参叶片。6 月开始为害，7—8 月高温干旱时为害严重。先危害下部叶片，随后向上蔓延。被害叶片开始出现黄白色小点，后叶片变黄，最后叶片由黄色变成褐色，干枯脱落。

防治方法：早春和晚秋清除杂草，消灭越冬红蜘蛛；7—8 月棉叶螨发生期，在傍晚或清晨喷洒波美度 0.2 ~ 0.3 的石硫合剂，每隔 5 ~ 7 天喷洒 1 次，连喷 2 次或 3 次。应注意保护棉叶螨天敌，发挥天敌自然控制作用。10% 吡虫啉可湿性粉剂 1 500 倍液、15% 哒螨灵乳油 2 500 倍液、20% 复方浏阳霉素乳油 1 000 ~ 1 500 倍液喷洒 2 次或 3 次亦可。

2）蜗牛

以成贝或幼贝在枯枝落叶或浅土裂缝里越冬。翌年 3 月中下旬开始为害玄参幼苗嫩叶，造成孔洞，并能咬断嫩茎，4—5 月为害最重，5—6 月产卵孵化为幼贝继续为害玄参及其他作物，7 月以后在玄参上为害逐渐减少。

防治方法：虫害发生较少时可在清晨或日出前人工捕捉；清除玄参地内杂草、堆草诱杀或撒大麦芒可减轻为害；5 月蜗牛产卵盛期及时中耕除草，消灭大批卵粒；喷洒 1% 石灰水或每亩用茶籽饼粉 4 ~ 5 kg 撒施。

3）地老虎

以成虫、幼虫在玄参嫩叶、顶芽、新芽上吸食汁液。被害后的玄参顶端嫩芽上出现水渍状斑点，随后坏死；顶芽被害，出现黑点，生长点不再长出新芽，幼叶展开后破裂，严重影响植株健康生长。

防治方法：清除田间残枝枯叶，杀灭越冬的成虫或幼虫。种植诱集植物：利用地老虎喜产卵在芝麻幼苗上的习性，种植芝麻诱集产卵植物带，引诱成虫产卵，在卵孵化初期铲除并携出田外集中销毁，如需保留诱集用芝麻，在 3 日龄前喷洒 90% 晶体敌百虫 1 000 倍液防治。泡桐叶诱杀：针对地老虎喜爱泡桐叶气味这一习性，将采集的新鲜泡桐叶用清水浸泡 20 ~ 30 min 后，于傍晚放入田中，每亩放 60 ~ 80 片叶，次日清晨可将聚集在泡桐叶上的地老虎幼虫捕捉灭杀。药剂诱杀：以敌百虫粉剂与炒香的菜籽饼制成毒饵，撒施于行间诱杀。药剂防治：用 10% 灭杀聚酯乳油 2 000 ~ 3 000 倍液喷洒；日落以后，用 5% 高效氯氟氰菊酯 20 mL 兑水 15 L 地表及茎基喷雾，每亩水量不低于 45 L；土壤干燥则不宜使用。

九、采收及加工

1. 采收

立冬前后（10—11 月）玄参地上部茎叶已见枯萎时采收最为适宜。收获时，择晴天挖出根部，剪去茎叶残枝，抖掉须根泥沙，掰下子芽留种用，切下块根进行加工。每亩可产鲜货 1 200 ~ 1 500 kg（干货 240 ~ 250 kg）。

2. 加工

采收后将玄参块根摊放在晒场上暴晒 4 ~ 6 天，并经常翻动，使上下块根受热均匀，夜晚收进室内摊凉，次日再出晒，不可夜露。每天晚上堆积起来，盖上稻草或其他防冻物，否则会使块根内心空泡。待晒至半干时，修去芦头和须根（如鲜时剪芦头,易使剪口内陷；如干后剪芦头,会因坚硬而较费力）,堆积（发汗）4 ~ 5 天，使块根内部逐渐变黑，水分外渗，然后晾晒，如此反复堆积晾晒，经 30 天左右，约有八成干，若块根内部还有白色，需要继续堆积晾晒，直至内部肉质变黑为止。一般堆积晒干至足干需 40 ~ 50 天。如遇连续阴雨天，用火烘加工，将鲜块根放在炕具内，文火烘烤，温度控制在 45 ℃左右，并适时翻动，使块根受热均匀，烘至半干（手捏无柔软感）堆积 3 ~ 4 天，使内部水分渗出，块根内部变黑，反复几次，烘干为止（水分不超过 15%）。

十、贮藏养护

玄参一般用麻袋包装，每件 50 kg 左右。贮于仓库干燥处，温度 30 ℃以下，相对湿度 70% ~ 75%。

本品易虫蛀，受潮后易生霉，初霉品表面可见白色菌丝，渐转为绿色霉斑。为害的仓虫有锯谷盗、药材甲、烟草甲、玉米象、咖啡豆象、印度谷螟、小斑螟等。

贮藏期间，应保持通风干燥，忌与藜芦混存。定期检查，发现轻度霉变、虫蛀，及时晾晒或翻垛；虫情严重时，用磷化铝等药物熏杀。

十一、药材性状

玄参药材呈类圆柱形或类纺锤形，中间略粗或上粗下细，有的微弯曲，长 6 ~ 20 cm，直径 1 ~ 3 cm。表面灰黄色或灰褐色，有不规则的纵沟、横长皮孔样突起和稀疏的横裂纹和须根痕，质坚实，不易折断，断面黑色，微有光泽。气味特异似焦糖，味甘、微苦。

十二、质量要求

玄参质量应符合《中华人民共和国药典》相关规定。

1. 检查

水分不得超过 16%（通则 0832 第二法）；总灰分不得超过 5%（通则 2302），酸不溶性灰分不得超过 2%（通则 2302）。

2. 浸出物

照水溶性浸出物测定法（通则 2201）项下的热浸法测定，不得少于 60%。

3. 含量测定

照高效液相色谱法（通则 0512）测定。

本品按干燥品计算，含哈巴苷（$C_{15}H_{24}O_{10}$）和哈巴俄苷（$C_{24}H_{30}O_{11}$）的总量不得少于 0.45%。

第二节　独活栽培技术

一、概述

《中华人民共和国药典》收载的独活为伞形科植物重齿毛当归（*Angelica pubescens* Maxim. f. *biserrata* Shan et Yuan）的干燥根。春初苗刚发芽或秋末茎叶枯萎时采挖，除去须根和泥沙，烘至半干，堆置 2 ~ 3 天，发软后再烘至全干。据《中华本草》记载，独活别名独摇草，又名巴东独活、肉独活。独活为湖北省巴东县道地药材，是我国的传统常用中药材，应用历史悠久。

独活药材气香郁，味辛、苦、微麻舌，性微温，归肾、膀胱经，具祛风除湿、通痹止痛的功效，用于风寒湿痹、腰膝疼痛、少阴伏风头痛、风寒夹湿头痛。以根条粗肥、香气浓郁者为佳。

二、产地分布

独活主要分布于湖北、四川、安徽，贵州亦有分布，湖南、广西有少量栽培。主产于湖北巴东、长阳、五峰、鹤峰、竹溪、竹山、房县、兴山、秭归、恩施、建始、神农架林区。巴东独活地理标志产品保护范围为湖北省巴东县溪丘湾乡、沿渡河镇、茶店子镇、绿葱坡镇、大支坪镇、野三关镇、清太坪镇、水布垭镇、金果坪乡九个高海拔区域。

三、植物形态特征

独活为多年生草本植物。高 1 ~ 2 m，主根粗壮，肉质浅黄白色；根数个，稀为单一，圆锥形，弯曲，长短不一，约为 30 cm，直径 0.5 ~ 2.5 cm。质软韧，折断面带裂片性；切断面皮部淡灰棕色，有弯曲裂隙，射线暗棕色，油点细密，挤压时渗出黄色油滴。茎直立，多分枝，有纵条纹，无毛。叶片卵圆形，2 回 3 出羽状复叶；小叶片 3 全裂，最终裂片长圆形，长 6 ~ 9 cm，宽 3 ~ 6 cm，先端急尖，基部楔形，边缘有不整齐重锯齿，两面叶脉上均被疏生短柔毛；叶柄长 30 ~ 35 cm；茎上部的叶退化，无叶片，叶柄膨大成兜状叶鞘。复伞形花序密生黄棕色柔毛；无总苞片；伞辐 10 ~ 25 个，不等长，密被黄棕色短柔毛；小伞形花序有花 15 ~ 30 朵；小苞片 5 ~ 8 个，披针形；花瓣白色，5 片；雄蕊 5 枚；子房下位，2 室；花柱短，基部扁圆锥形。双悬果背部扁平，长圆形，基部凹入，背棱和中棱线形隆起，侧棱翅状，油管分果棱槽间 1 ~ 4 个，合生面 4 个或 5 个。

四、生态环境

独活生长于海拔 1 300 ~ 2 600 m 高寒山区的山谷、山坡、草丛、灌丛中或溪沟边，土壤富含腐殖质而肥沃。

五、生物学特性

独活为宿根性草本，整个生育期需 3 年。第一、第二年为营养生长期，一般只生长根、叶，茎短缩为叶鞘包被，有少数抽薹、开花。第三年为生殖生长期，一般直播到第三年的5—6月，茎节间开始伸长，抽出地上茎，形成生殖器官，开花结籽，花期7—9月，果期9—10月，完成整个生长过程。

独活幼苗期较喜阴，要求光照时间较短、光照强度较弱，要求土壤深厚、肥沃、疏松、富含腐殖质，呈微酸性的砂质壤土为佳，对前茬要求不严。

六、生长习性

独活生长于海拔1 300～2 600 m高寒山区的山谷、山坡、草丛、灌丛中或溪沟边，这些地区土壤多富含腐殖质而肥沃。尤以海拔1 800 m以上地区生长的独活肉质厚、药性好、品质优。独活为宿根性草本，适宜冷凉、湿润的气候条件，具有喜阴、耐寒、喜肥、怕涝的特性。

七、栽培技术

（一）选地整地

选择半阴坡土层深厚、土质疏松、排水良好、富含腐殖质的砂质壤土。一般深翻30 cm以上，每亩施圈肥或土杂肥3 000～4 000 kg作为基肥，捣细、撒匀，深翻土中，然后耙细整平，做成高畦，畦宽1.2 m，畦沟宽30 cm、深20 cm，四周开好排水沟。

（二）繁殖方法

独活繁殖一般采用种子直播，也可育苗移栽或根芽繁殖。

1. 种子直播

秋播在10月采鲜种立即播种，春播在清明前后。分条播或穴播，条播按行距50 cm，开沟深3～4 cm，将种子均匀播入沟内，穴播按行距50 cm，穴距20～30 cm点播，开穴要求口大底平，每穴播种10～15粒，覆土厚度2～3 cm，稍压，每亩用种3～5 kg，出苗前保持土壤湿润。

2. 育苗移栽

选种采收：应选择二年生以上无病虫害侵袭的健康母体植株，在种子由绿色变成灰褐色时采收，成熟一枝采收一枝。忌采收枯黄过熟（种子呈棕黄色，育苗移栽后易抽薹）或过嫩（种仁未成熟，发芽率低或播种后不出苗）的种子留种。采收时间为 9—10 月，采收的种子放置于阴凉干燥处，忌暴晒或烘烤。

育苗：播种期分春播和秋播。春播于 3 月中旬至 4 月上旬进行，秋播于 10 月上中旬进行。播种前将种子用 50 ~ 55 ℃的温水浸泡 10 ~ 12 h，捞出置于温暖处催芽。播种方式分条播或撒播：条播时先在畦面上按 10 ~ 15 cm 行距开沟，沟宽 10 cm、深 3 ~ 5 cm，再将种子均匀撒于沟内耙平；撒播时将种子均匀撒于畦面，再覆盖厚 1 ~ 2 cm 的细土，轻拍压实。

移栽：选择一年生独活幼苗，按幼苗大小，于 3 月中旬至 4 月上旬开沟移栽，行距 30 ~ 40 cm，株距 25 cm，将幼苗斜靠摆放在犁沟中，用翻出的土覆盖前垄沟，苗顶距地面 3 ~ 5 cm 为好，对个别露出苗要重新覆土压实。亩栽 3 500 ~ 4 500 株。

3. 根芽繁殖

秋后地上部分枯萎，挖出母株（无病虫害健康植株），切下带芽的根头（不宜选大条），在畦内按行距 30 cm、株距 20 cm 开穴，每穴放根头 1 个或 2 个，芽立直向上，原已出芽的芽头要栽出土，未出土的芽尖应在土表下 3 ~ 4 cm。稍压实表土，再浇水稳根，第二年春季出苗。

（三）田间管理

1. 中耕除草

春季苗高 15 ~ 30 cm 时中耕除草。头年 5—8 月每月各除草 1 次，除草后施清水粪提苗，幼苗阶段要及时清除田间杂草。

2. 间苗定苗

采用种子直播的苗高 3 ~ 5 cm 时进行间苗，疏拔密苗、弱苗；苗高 10 ~ 20 cm 时，进行间苗、定苗，并按 30 ~ 50 cm 的距离内留 1 株或 2 株大苗，就地生长。其余另行移栽至整好的大田中。春栽 2—4 月，秋栽 9—10 月，以春栽为好。

3. 追肥培土

追肥每年 2 次，第一次在移栽成活后，施氮肥促壮苗，每亩施 5 ~ 6 kg；第二次在6月中下旬，每亩斜施尿素7～8 kg，覆土盖肥。培土用以固定植株，防止倒伏和增加产量，一般在春、秋、冬三季，结合除草追施猪粪、牛粪、堆肥各1次，冬季施肥可混合高山森林腐殖质土追施根部培土，防止倒伏和安全越冬。

4. 良种培育

良种培育是提高独活产量和质量的关键措施。独活园内除留种用的植株外，其他植株的蓓蕾（花蕾）应及早除去，以免耗费养分而影响块根的生长。独活收获时，选择中等、独枝、无破伤、无病害的独活整株，在另一块大田中培育，按行株距50 cm移栽，并在冬季和第二年加强田间管理，待种子成熟后采收。

八、病虫害防治

1. 病害

独活在栽培过程中很少有病害发生，常见的病害有根腐病和斑肤病。

1）根腐病

根腐病于5月开始发病，7—9月发病较重。发病时叶片枯黄，植株变小，根部变黑腐烂。

防治方法：发病时应及早拔除病株，带到园外集中烧毁，并用2%石灰水浇灌病区。

2）斑肤病

斑肤病于6月上旬开始发病，初期叶片上产生绿褐色斑点，后逐渐发展成多角形，边缘呈褐色，中央灰白色。高温高湿季节（7—9月）发病比较严重。可造成叶片枯萎，为害性大。

防治方法：采用农业防治，剪去病枝，清除枯枝落叶，秋季深耕晒土，增施磷、钾肥等，抑制病害发生。

2. 虫害

独活常见虫害有蚜虫、红蜘蛛、黄凤蝶等。

1）蚜虫和红蜘蛛

6—7月，蚜虫、红蜘蛛吸食独活茎叶汁液。

防治方法：用每 100 L 水加 25% 噻虫嗪 10 ~ 20 mL（有效浓度 25 ~ 50 mg/L），或使用吡虫啉、吡蚜酮、抗蚜威等进行叶面喷雾。

2）黄凤蝶

以幼虫为害独活叶、花蕾、花梗。

防治方法：虫期可用多杀霉素或苏云金芽孢杆菌喷雾防治，每 5 ~ 7 天喷 1 次，连续喷 2 次或 3 次，或使用 1.8% 阿维菌素乳油 3 000 ~ 5 000 倍液和 4.5% 高效氯氟氰菊酯乳油 1 500 ~ 2 000 倍液喷雾防治。

九、采收及加工

1. 采收

一般直播繁殖的独活生长 2 年采挖，移栽苗生长 1 年采挖。霜降后割去地上茎叶，挖出根部。鲜独活水分多，质脆易断，采收时要避免挖伤根部，挖出后抖掉泥土。

2. 加工

切去芦头、须根，摊晾，待水分稍干后，堆放于炕房内，用柴火熏炕，经常检查翻动，熏到六七成干时，堆放回潮发汗，抖掉灰土。理顺，扎成小捆，再放入炕房，将根头朝下，用文火炕至全干即可。

十、贮藏养护

独活一般用麻袋包装，每件 40 kg 左右。贮存于低温干燥、通风良好的仓库内，温度 28 ℃以下，相对湿度 65% ~ 75%。

本品含挥发油，易散味、虫蛀、受潮生霉、泛油。吸潮品两端可见霉斑；泛油后细根尾部返软，可任意弯折，颜色变深，表面现油点及油样物，散特异气味。为害的仓虫有大谷盗、烟草甲、药材甲、一点谷螟、赤足郭公虫、竹红天牛、印度谷蛾等，包装缝隙及垛底常见虫丝及结膜，活虫多潜匿商品内部蛀噬。

贮藏期间，堆垛不宜过高，以防受潮、重压泛油、散味；轻度霉变、虫蛀，及时晾晒，最好进行密封抽氧充氮养护；虫情严重时，用磷化铝（9 ~ 12 g/m^3）或溴甲烷（30 ~ 40 g/m^3）熏杀。

十一、药材性状

独活根略呈圆柱形，下部有 2 个或 3 个分枝，甚至更多，长 10 ~ 30 cm。根头部膨大，圆锥状，多横皱纹，直径 1.5 ~ 3 cm，顶端有茎、叶的残基或凹陷。表面灰褐色或棕褐色，具纵皱纹，有隆起的横长皮孔及稍突起的细根痕。质较硬，受潮则变软，断面皮部灰白色，有多数散在的棕色油室，木部灰黄色至黄棕色，形成层环棕色。有特异香气，味苦、辛、微麻舌。

十二、质量要求

独活质量应符合《中华人民共和国药典》相关规定。

1. 检查

水分不得超过 10%（通则 0832 第四法）；总灰分不得超过 8%（通则 2302），酸不溶性灰分不得超过 3%（通则 2302）。

2. 含量测定

照高效液相色谱法（通则 0512）测定。

本品按干燥品计算，含蛇床子素（$C_{15}H_{16}O_3$）不得少于 0.5%，含二氢欧山芹醇当归酸酯（$C_{19}H_{20}O_5$）不得少于 0.08%。

第三节 木瓜栽培技术

一、概述

皱皮木瓜是湖北省道地药材，也是我国常用的传统中药之一，有“百益之果”美誉。《中华人民共和国药典》收载的木瓜来源于蔷薇科植物贴梗海棠［*Chaenomeles speciosa*（Sweet）Nakai］的干燥近成熟果实。夏、秋二季果实绿黄时采收，置沸水中烫至外皮灰白色，对半纵剖，晒干。木瓜性酸、温，归肝、脾经，具有舒筋活络、和胃化湿的功效，主要用于湿痹拘挛、腰膝关节酸重疼痛、暑湿吐泻、脚气水肿等。

二、主要价值

观赏价值：早春先花后叶，枝密多刺，可作为绿篱。公园、庭院、校园、广场等道路两侧栽植木瓜树，树亭亭玉立，花灿若云锦，果清香四溢，效果甚佳。木瓜作为独特孤植观赏树成丛地点缀于园林小品或园林绿地中，可培育成独杆或多杆的乔灌木作为片林或庭院点缀，也可制作多种造型的盆景，春季观花，夏季赏果，淡雅俏秀，多姿多彩，百看不厌，取悦其中。

药用价值：皱皮木瓜药用价值独特，是我国传统名贵中药材，《本草纲目》等医药学资料均有关于“资丘皱皮木瓜”的记载。经化验分析，“资丘皱皮木瓜”含大量有机酸、维生素和多种蛋白酶，具有平肝舒筋、和肾化湿、抗炎抑菌、降低血脂等功效，对伤寒杆菌、痢疾杆菌和金黄色葡萄球菌等有较强的抑制作用，并被广泛用于临床配方生产妙济丸、木瓜丸、消络痛片、骨刺消痛液等多种中成药品，以及木瓜护肤品、香皂、洗面奶、沐浴露等化妆洗浴用品；也是果浆等一系列保健食品的优质原料。

食用价值：据化验分析，皱皮木瓜优良品种含蛋白质 0.45%、脂肪 0.57%、粗纤维 2.11%、可溶性固形物 8.8%、果胶 9.5%、有机酸 3.22%，每 100 g 鲜果中含钙 24.79 mg、磷 6.04 mg、铁 4.53 mg、维生素 C 96.8 mg、维生素 A 6.35 μg 。含有 17 种氨基酸，氨基酸总含量达 529 mg/100 g。皱皮木瓜最突出的特点是含有丰富的齐墩果酸等有机酸，加工产品不需添加防腐剂、柠檬酸、香精、色素，是风味独特的纯天然绿色食品。

三、产地分布

木瓜主要分布于长江流域及长江以北、黄河以南的丘陵和半高山，分布在山东、河南、陕西、安徽、江苏、湖北、四川、浙江、江西地区等地，湖北皱皮木瓜主产于巴东县、长阳县、五峰县、神农架林区等地。近年来，巴东县大力发展皱皮木瓜产业，种植面积已逾 30 000 亩。

四、植物形态特征

落叶灌木，高达 2 m，枝条直立开展，有刺；小枝圆柱形，微屈曲，无毛，紫色或黑褐色，有疏生浅褐色皮孔；冬芽三角卵形，先端急尖，近于无毛或在鳞片边缘具短柔毛，紫褐色。叶片卵形至椭圆形，稀长椭圆形，长 3 ~ 9 cm，宽 1.5 ~ 5 cm，先端急尖，稀圆钝，基部楔形至宽楔形，边缘具有尖锐锯齿，齿尖开展，无毛或在萌蘖上沿下面叶脉有短柔毛；叶柄长约 1 cm；托叶大形，草质，肾形或半圆形，长 5 ~ 10 mm，宽 12 ~ 20 mm，边缘有尖锐重锯齿，无毛。花先叶开放，3 ~ 5 朵生于二年生老枝上；花梗短粗，长约 3 mm 或近于无柄；花直径 3 ~ 5 cm；萼筒钟状，外面无毛；萼片直立，半圆形，稀卵形，长 3 ~ 4 mm，宽 4 ~ 5 mm，长约萼筒之半，先端圆钝，全缘或有波状齿及黄褐色睫毛；花瓣倒卵形或近圆形，基部延伸成短爪，长 10 ~ 15 mm，宽 8 ~ 13 mm，猩红色，稀淡红色或白色；雄蕊 45 ~ 50 个，长约花瓣之半；花柱 5 个，基部合生，无毛或稍有毛，柱头头状，有不显明分裂，约与雄蕊等长。果实球形或卵球形，直径 4 ~ 6 cm，黄色或带黄绿色，有稀疏不显明斑点，味芳香；萼片脱落，果梗短或近于无梗。

花期 3—5 月，果期 9—10 月。花色粉红，果实圆柱形，单果重 150 ~ 250 g，果实内无发育饱满的籽。

五、生态环境

木瓜耐旱耐瘠，喜温暖湿润气候，对土壤要求不严，在山区适应性强，适于坡地栽培，以比较肥沃、湿润而排水良好的砂质壤土或夹沙土栽植最好。以海拔 800 ~ 1 000 m、年平均气温 8 ~ 20 ℃、年降水量 600 ~ 1 000 mm、pH 值 6.2 ~ 7.8，坡度25° 的山地黄棕壤土地区最适宜木瓜生长。木瓜常被选为优良的退耕还林树种。

六、生物学特性

木瓜的根系集中分布在深度 10 ~ 40 cm 的土层中，以深度 15 ~ 35 cm 的土层分布最多。早春土温 5 ℃左右时开始活动，木瓜幼龄期生长旺盛，当气温达到 13 ℃时，开始萌动，发芽率高，成枝力强。木瓜开花从 3 月下旬开始，全树花期 15 ~ 20 天，9 月下旬到 10 月上旬为果实成熟期，果实从开花到成熟需要 180 ~ 200 天。

七、生长习性

喜温暖向阳、肥沃湿润、疏松沥水的山脚坡地。

八、生长周期

多年生木本，种植 2 年以后每年均可开花结果，木瓜药材每年均可采收。

九、栽培技术

（一）选地整地

选阳光充足、土质肥沃、湿润且排水良好、中性或微碱性的壤土或砂质壤土，也可利用田边地角、山坡地、房前屋后空地种植。成片栽培时，按株行距 2 m × 2.5 m 开穴，栽前挖长 0.8 m、宽 0.8 m、深 0.6 m 的定植穴，将穴周围肥沃疏松的熟土拌匀过磷酸钙 0.5 kg 和 5 ~ 10 kg 的农家肥作为基肥，回填穴内。穴内挖出的生土堆于窝周围，利用冬季冻融交替促其熟化。

（二）繁殖方法

木瓜种苗繁殖方法很多，包括有性繁殖和无性繁殖。为保持优良种性，一般采用无性繁殖方法，最常用的是分株育苗，但为满足产业发展之需，可用扦插、嫁接育苗方法提高繁殖系数，大量供应种苗。种子育苗（有性繁殖）仅用于培育砧木苗或供育种、科研之用。

1. 分株繁殖

木瓜根入土浅，分蘖能力强，每年从根部都会分蘖出大量的幼株。于 3 月前将老株周围萌生的幼株带根刨出，剪掉枯枝、细弱枝，较小的可先栽入育苗地，经 1 ~ 2 年培育，再出圃定植；大者可直接定植。此法简单，幼株成活率也高。

2. 扦插繁殖

扦插繁殖在 2—3 月木瓜枝条萌动前，剪取健壮充实的一年生或二年生枝条，截成长 20 cm 左右的插条（插条上保留 2 个或 3 个芽），按株行距 10 cm × 15 cm 斜插入苗床中，覆盖遮阳网后经常喷水保湿。待长出新根后移至育苗地中，移栽到育苗地里继续培养 1 ~ 2 年后定植。

3. 压条繁殖

一般在春、秋两季于老树周围挖穴，再把生长于其根部的枝条弯曲下来，压入其中，将中间部分埋在土里，只在穴外留住枝梢。为了促其生根发芽，用刀在靠近老树的枝条基部把皮割开一个缺口，等其生根后就切断枝条，带着根进行移栽。移栽的时候，要选好地块再挖树穴，要让栽树的深浅基本与苗木原生根痕保持一致，以便根系在穴内能够舒展，等栽好后再把定根水浇足。一般春、秋两季为最佳移栽时间。

4. 种子繁殖

秋播或春播。秋播于 10 月下旬，木瓜种子成熟时，摘下果实，取出种子，于 11 月按株行距 15 cm × 20 cm 开穴，穴深 6 cm，每穴播种 2 粒或 3 粒，盖细土 3 cm。春播于 3 月上旬至下旬，先将种子置温水中浸泡 2 天，捞出放在盆内，用湿布盖上，在温暖处放 24 h，按上法播种。秋播木瓜种子第二年春出苗，春播木瓜种子 4 月下旬至 5 月上旬出苗，当苗木长到高 15 ~ 20 cm，离地面 2 cm 左右处直径达到 0.5 cm 时进行苗木嫁接。常见嫁接方法有插皮接、劈接法、丁字形芽接、带木质嵌芽接四种，嫁接的接穗应选已结果、无严重病虫害、生长健壮的优良品种树作母树。从母树上选取生长充实、芽头有 3 ~ 5 个饱满芽体、用指甲掐皮易离皮的一年生发育枝或当年生半木质化新枝，采穗可结合冬、春季修剪进行。苗木嫁接后应加强剪砧、除萌，以及水、肥、土、病虫防治等工作。苗高 1 m 左右时即可出圃定植。

定植最好在春季枝条萌动时进行，每穴栽苗 1 株或 2 株。苗栽入穴内要求根系舒展，根部用细土盖严，踩实，然后浇足水，待水渗透后回填新土封穴。

（三）田间管理

1. 中耕除草

定植成活后，每年春、秋二季结合施肥中耕除草 2 次，锄松土壤，除净杂草。

冬季松土时要培土，以利防冻。

2. 施肥

木瓜施肥分基肥和追肥两种。基肥一般在果实采收后施用，基肥以有机肥料为主，占全年施肥量的70%左右，施氮量占全年施氮量的2/3，追肥多在花芽分化前这一时期进行。

土壤施肥具体方法：沿行挖深40 ~ 50 cm、宽40 ~ 60 cm的施肥沟，将表土与基肥拌匀后，施在根群主要分布层的深度，每株施入圈肥和土杂肥各5 kg左右，或人畜粪尿10 kg左右，复合肥0.1 ~ 0.2 kg，最后将底土填在施肥沟的表层即可。

木瓜追肥又分土壤施肥、根外追肥两种。

（1）2月下旬至3月上旬，0.5% ~ 1%尿素喷淋树体施氮。

（2）5月中上旬，每隔10天施1次，以氮肥为主，适当增施磷、钾肥，开花前，连喷2次或3次0.3%硼酸，加0.3%尿素液，每株施3 g硼砂。

（3）6月每10 ~ 15天施1次，以氮肥为主，适当增施磷、钾肥，每株施100 g左右，并喷施250 ~ 300 g尿素液1次。

（4）7—8月每月施1次，每次每株施150 ~ 200 g复合肥。

（5）10月中下旬，每株施50 ~ 100 g复合肥，并喷施30 ~ 50 g尿素液。木瓜的施肥应与排灌水工作相结合，特别是在谢花后半个月和春梢迅速生长期内，田间持水量宜维持在60% ~ 80%。

3. 花期人工辅助授粉

选取质量优良的授粉品种，从健壮树上采摘含苞待放的铃铛花，取出花药，用水10 L、白糖0.5 kg、尿素30 g、硼砂10 g、花粉20 g，配成花粉的500倍液进行人工喷雾辅助授粉。

4. 疏花疏果

一般修剪时疏花芽，开花芽疏蕾，开花时疏花，谢花后1周至1个月内完成疏果。

5. 间作

林下可间作草本药材，也可间作低矮农作物，不宜间作藤蔓攀缘作物和玉米等高秆农作物；退耕还林地也可间作。

6. 整形修剪

1）整形

木瓜以短果枝结果为主，生产上多采用的树形有细长纺锤形、圆柱形、自然开心形等，以细长纺锤形为好。苗木栽植后，在离地面 80 cm 处进行定干，及时除萌；当年夏季苗木长到 80 cm 左右时，进行重摘心，对其长出的新梢选留 3 个或 4 个作为主枝，主枝要分 3 个或 4 个不同方向排列，各主枝要有 10 ~ 20 cm 枝距，主枝上再分生 2 个或 3 个侧枝，侧枝的外侧再分生小侧枝或结果母枝。第一年修剪时，生长季对剪口下 20 ~ 30 cm 的枝条拉开，角度为 70° ~ 80° ，冬季对中心干轻度短截，疏除过密枝；第二年修剪时，疏除过密枝、直立枝、徒长枝，8—9 月拉开主枝角度促发短枝，冬季可选留 50 cm 短截，疏除过密枝；第三年修剪时，抹除各主枝背上的直立枝、徒长枝，冬季拉开主枝角度，疏除过密枝、交叉枝和徒长枝；第四年，木瓜细长纺锤形树体基本形成，该树形下大上小，下重上轻，骨架牢固，产量高，寿命长。

2）夏季修剪

主要采取抹芽、摘心、拉枝等措施。

（1）抹芽。及时抹去整形带以下的芽，以及主枝背上的直立芽及延长枝上的竞争枝。

（2）摘心。主枝延长枝长到 50 ~ 60 cm 时摘心可促发二次枝生长，培养主枝。其他部位长势强，直立与主枝重叠、交叉的新梢长到 20 cm 时摘心，促发二次新梢生长。

（3）拉枝。一般在 8 月底到 9 月初对不是留作主枝的枝拉平，留作辅养枝。

3）冬季修剪

木瓜幼树冬季修剪以整形扩冠为目的。第一年冬季修剪对留作主枝的枝条进行短截，留 30 ~ 40 cm 为宜，幼树以轻剪为主，主要是疏除过密枝、竞争枝、交叉枝、重叠枝，对有空间的枝条进行短截，留 20 ~ 30 cm 为宜，次年长到 40 cm 时及时摘心，形成结果枝组，让木瓜树呈内空外圆的冠状形。

十、病虫害防治

1. 病害

叶枯病：7—9 月极其严重，为害叶片。防治方法：冬季清洁田园；发病初期用 1∶1∶100 的波尔多液喷雾防治。

2. 虫害

（1）桃蛀螟。以幼虫蛀食果实。防治方法：冬季清洁田园；幼虫初孵期用 4.5% 高效氯氰菊酯 1 500 倍液喷雾防治。

（2）天牛。幼虫蛀食枝干。防治方法：人工捕杀；用棉花蘸 4.5% 高效氯氰菊酯乳油塞入虫穴。

（3）蚜虫。在 5 月对蚜虫等害虫可用 10% 吡虫啉 5 000 ~ 6 000 倍喷雾，每 15 天喷 1 次，连续喷 2 次或 3 次。

（4）红蜘蛛。对红蜘蛛可用每 100 L 水加 25% 噻虫嗪 10 ~ 20 mL（有效浓度 25 ~ 50 mg/L），或使用吡虫啉、吡蚜酮、抗蚜威等进行叶面喷雾防治。

十一、采收及加工

木瓜定植 2 年开始开花结果。一般每年 7—8 月当果实外皮由青转青黄时抢晴天采收，注意不要使果实受伤或坠地。采回的鲜果若供药用，对半剖开后投入沸水中煮 5 ~ 10 min 或蒸 10 min，然后摊放在竹帘晒干或烘干。晒时先仰晒 3 ~ 4 天，使瓢内水分渐干，颜色变红时，再翻晒至全干。阴雨天可用文火烘干。产品以质坚、肉厚、外皮皱缩、色紫红、味酸者为佳。若供食用，直接盐渍或糖渍加工。

十二、药材性状

木瓜药材长圆形，多纵剖成两半，长 3.5 ~ 9 cm，宽 2 ~ 5 cm，厚 1 ~ 2.6 cm。外表面紫红色或红棕色，有不规则的深皱纹；剖面边缘向内卷曲，果肉红棕色，中心部分凹陷，棕黄色；种子扁长三角形，多脱落。质坚硬。气微清香，味酸。

十三、质量要求

杂质、水分、总灰分、浸出物、含量等质量指标参照《中华人民共和国药典》检测方法及规定。

1. 检查

水分不得超过 15%（通则 0832 第二法）；总灰分不得超过 5%（通则 2302）；酸度：取本品粉末 5 g，加水 50 mL，振摇，放置 1 h，滤过，滤液依法（通则 0631）测定，pH 值应为 3 ~ 4。

2. 浸出物

照醇溶性浸出物测定法（通则 2201）项下的热浸法测定，用乙醇作溶剂，不得少于 15%。

3. 含量测定

照高效液相色谱法（通则 0512）测定。

本品按干燥品计算，含齐墩果酸（$C_{30}H_{48}O_3$）和熊果酸（$C_{30}H_{48}O_3$）的总量不得少于 0.5%。

十四、鉴别方法

1. 皱皮木瓜

果实呈卵圆形，多纵剖为两瓣，长 4 ~ 9 cm，宽 2 ~ 3.5 cm，厚 1 ~ 2.6 cm。外表面紫红色或红棕色，具不规则深沟纹，边缘向内卷曲。剖开面红棕色，中心部分凹陷，棕黄色，种子扁长三角形，多脱落，脱落处平滑光亮。质坚硬。气微清香，味酸涩。

2. 光皮木瓜

果实多纵切 2 ~ 4 瓣，长 4 ~ 9 cm，宽 3.5 ~ 4.5 cm，厚 1 ~ 2.5 cm。外表红棕色，光滑无皱或稍粗糙有细纹理。剖面较饱满，果肉颗粒性，种子多数、密集。气微，味涩微酸，嚼之有沙粒感。

第四节　湖北贝母栽培技术

一、概述

《中华人民共和国药典》收载的湖北贝母为百合科植物湖北贝母（*Fritillaria hupehensis* Hsiao et K. C. Hsia）的干燥鳞茎，又名窑贝、板贝、奉节贝母。湖北贝母鳞茎入药，性良，味微苦，归肺、心经，主治清热化痰、止咳、散结，用于热痰咳嗽、瘰疬痰核、痈肿疮毒，对肺热燥咳、干咳少痰、阴虚劳嗽、咳痰带血有疗效。

二、产地分布

分布于湖北（西南部）、四川（东部）和湖南（西北部）。在湖北巴东（金果坪乡、水布垭镇、清太坪镇）、建始、宣恩一带大量栽培。

三、植物形态特征

多年生草本。植株高 25 ~ 50 cm。鳞茎棕褐色或褐色，由 2 枚鳞片组成，直径 1.5 ~ 3 cm；叶 3 ~ 7 枚，轮生，中间常兼有对生或散生的，矩圆状披针形，长 7 ~ 13 cm，宽 1 ~ 3 cm，先端不卷曲或多少弯曲；花 1 ~ 4 朵，紫色，有黄色小方格；叶状苞片通常 3 枚，极少为 4 枚，多花时顶端的花具 3 枚苞片，下面的花具 1 枚或 2 枚苞片，先端卷曲；花梗长 1 ~ 2 cm；花被片长 4.2 ~ 4.5 cm，宽 1.5 ~ 1.8 cm，外花被片稍狭些；蜜腺窝在背面稍凸出；雄蕊长约为花被片的一半，花药近基着，花丝常稍具小乳突；柱头裂片长 2 ~ 3 cm。蒴果长 2 ~ 2.5 cm，宽 2.5 ~ 3 cm，棱上的翅宽 4 ~ 7 mm。花期 4 月，果期 5—6 月。

四、生物学特性

湖北贝母喜凉爽潮湿气候，不怕霜雪，忌高温干燥，若栽植期干旱，会导致鳞茎霉烂。产区年平均气温 14 ~ 16 ℃，最低气温 -15 ℃，5 月平均气温 20 ~ 25 ℃，年降水量 1 300 ~ 1 500 mm，无霜期 160 ~ 220 天。在山区以半阴半阳的晚阳山缓坡地为好，对土壤要求不严，以新开垦的富含腐殖质、疏松肥沃、排水良好的土壤为佳。

湖北贝母从种子萌发到开花结果一般要 4 ~ 5 年，通常秋季种子播种后，翌年春天发出一片针状的叶，叶枯萎后地下留有一个直径 3 ~ 4 mm 的鳞茎；第二年从小鳞茎发出 1 片或 2 片披针形的叶片，鳞茎继续膨大，直径为 7 ~ 8 mm；第三年一般能长出几片更大的基生叶，少数还有主茎，地下鳞茎多为 1 个，少数为 2 个，直径为 1.5 ~ 1.8 cm；第四年一般都有主茎并具花蕾或能开花，但不结果，地下鳞茎萎烂，重新生成 2 个新鳞茎；第五年则大多数都能开花结果，地下生成的 2 个新鳞茎都比较大，可供药用。

五、栽培技术

（一）繁殖方法

湖北贝母的繁育可采用无性繁殖和有性繁殖两种方法，巴东县以无性繁殖为主。有性繁殖因周期太长，一般不被采用。

1. 无性繁殖

1）选种与种子处理

鳞茎收获后，用不同筛孔的筛子分成大、中、小三级，分别保存，一般大、中子用作栽植材料，小子加工入药（直径 1.2 cm 以下），有时也采用小子作种，多不分瓣，而大、中子则分瓣繁殖。播种前必须严格选种，将病虫害浸染的鳞茎剔除，栽植当日，用竹刀将鳞茎纵切成 2 ~ 4 瓣，不能横切，每瓣宽应在 1 cm 以上，分瓣时必须保留内皮，否则不易发芽。选种后用 0.3% 高锰酸钾溶液或 10% 福尔马林溶液浸种 10 min，捞出后不必用水冲洗，直接播种，应边分瓣边栽种。

2）选地整地

（1）选地。湖北贝母喜凉爽，应选西北向或东北向半阴半阳山坡种植，晚阳山较早阳山好，因早阳山上午烈日暴晒后，如下午遇暴雨，易导致植物发生病害。

地势应稍倾斜，排水良好，坡度以10°左右较好。对土壤要求不严，以新开垦的富含腐殖质、疏松肥沃、排水良好的土壤为佳。产区喜选豆瓣泥、灰泡土、红油沙土种植。湖北贝母病虫害较多，不宜连作，应3～5年轮作。

（2）整地。12月至翌年2月，翻挖土层20～30 cm深，采用分层翻挖的方法，不乱土层，耙净树根、竹根及杂草。栽植前10天左右挖2遍，深10～15 cm，耙平顺山做高畦，畦宽120 cm，沟宽30 cm、深10 cm，畦面呈瓦背形，在畦面上每隔10 cm开一道深20 cm、宽30 cm的横沟，横沟顺坡斜开，呈“人”字形或“V”字形，便于操作和排水。整地做畦后每亩撒施750～1 500 kg腐熟油饼，用耙耙匀，与土壤混合，然后将发酵过的猪牛粪平铺畦面2 cm，上盖火熏的腐殖质土3 cm，即可栽植。

3）播种期

6月中下旬湖北贝母收获后即可栽植，不得晚于9月，最好随收随栽，如播种过迟，会直接影响湖北贝母的出苗率和鳞茎的生长。

4）播种方法

在整好的畦面上开横沟，一般沟宽15～20 cm，沟深6～8 cm，以行株距3 cm×3 cm将分瓣鳞茎摆在沟内，分瓣的伤口应向下，覆盖腐殖质土5～6 cm，盖上杂草抗旱保湿。每亩需用种150～200 kg。

2. 有性繁殖

1）采种处理

贝母植株叶子枯萎、茎秆变黄即可采收。采收过早种子不饱满，过迟茎秆倒伏易腐烂。采果时间应选在晴天露水干后进行：用枝剪剪断茎秆，理齐扎成小把，悬吊在室内通风干燥处晾干，不得烟火熏烤。9月，把蒴果搓碎，脱粒挑选出饱满的种子，并及时将种子用清水浸泡24 h，捞起后与湿砂拌匀［用砂比例为1∶（2～3）］，再用干净棕片包扎好。在田间挖一个深约15 cm的土窝，放下棕包，盖土3～5 cm。为保持土壤湿润，需经常观察，并视情况浇水保湿。每隔15天解开棕包搅拌1次，以便包内种子受到的温、湿度均匀。12月中旬开始就要经常观察种子是否萌动，当有8%～10%的种子胚根突破种皮即可播种。注意种子的根芽不能超过种壳的长度，否则易断，不易成活。

2）选地播种

选择排灌方便、坡度不大、土壤肥沃的地块作为苗床。将土块深翻 20 ~ 25 cm，除去杂草，施足底肥，每亩撒施 750 ~ 1 500 kg 腐熟厩肥，耙细整匀，并将地块做成畦宽 1 ~ 1.2 m，沟宽 30 cm、深 10 cm 的高畦，四周开好排水沟，为播种做准备。先将厢面湿润的细土刨在两旁作盖土用，盖土不能太厚，以 2 cm 为宜。也可盖肥土，即将事先准备好的陈火土、细渣土肥作为盖土盖在种子上。用种量 300 kg/ 亩，以种子不重叠为好。

3）苗床管理

播种后要搭棚遮阴，表土干燥时要洒水。追肥可用农家肥、稀粪水等，用量不宜过大，也可将尿素、硫铵（1 ~ 2 kg/ 亩）配成 5% ~ 10% 的浓度喷洒。移栽地宜选择疏松阴坡或半阴半阳的早阳坡，富含腐殖质的肥沃地最好。贝母对土壤的要求不太严格，只要不是过于板结的黏土、漏砂地便可。由于其鳞茎怕积水，所以要选择排水良好的坡地，坡度以 15° ~ 20° 为宜。由于贝母主根粗壮，根须相当发达，根毛旺盛，所以要求深翻土地（以 30 cm 为宜）。土地深耕后把土块整细、耙匀，并将杂草及前茬作物的根兜除净。此外，整畦开沟是栽培贝母的重要措施，将畦面筑成瓦背状，以免渍水，根据坡度顺坡开不同的沟，沟深 10 ~ 20 cm，在田块顶端开一条深 30 cm 的拦水沟，并在厢的中部开若干条腰沟。

（二）栽植管理

1. 小鳞茎移栽

由于当年苗小，只有一片真叶，不便移栽。第二年 5—6 月当小鳞茎长至玉米粒或黄豆粒大时即可移栽。

2. 田间管理

既可在地里预留一行玉米地，种玉米（不能种得太密）遮阴，也可在地块搭棚遮阴，还可在地里盖上一层玉米秆（去枝叶，一根一根摆平），上面再盖一层薄土，这样既可通气，又可降温。

3. 除草

贝母种植较密，幼苗出土后，株行间不易松土，在 3—5 月用手除草 2 次或 3 次，保证畦面无杂草。

4. 追肥

栽后8—9月，可追氮、磷等速效肥料。1月解冻后，将畦面盖草去掉，用竹耙轻轻耙松畦面，每亩可施人畜粪水2 000 ~ 3 000 kg。3—4月可再喷施1次人畜粪水。

5. 排水灌溉

天旱应及时浇水，保持土壤湿润；阴雨季注意开沟排水，以防积水使贝母鳞茎腐烂。

六、病虫害防治

1. 虫害

1）线虫病和尾足螨

夏、秋季发生，引起鳞茎腐烂。

防治方法：采取精选无病种茎、栽种时用50%多菌灵可湿性粉剂500倍液或70%甲基托布津可湿性粉剂500倍液泡种40 s、间种荫蔽作物等综合防治措施。

2）地老虎、蛴螬、金针虫

主要吸食贝母鳞茎和茎秆。

防治方法：早晚捕捉或用90%敌百虫结晶拌毒饵诱杀；亩用50%氯丹乳油0.5 ~ 1 kg于整地时拌土或出苗后兑水500 kg灌土防治。

2. 病害

湖北贝母主要病害有菌核病、锈病。其中，菌核病为地下病害，锈病为地上病害。

1）菌核病

又称“黑腐病”，是湖北贝母毁灭性病害，尤以老贝母产区和多年连作地块发病严重。

症状：地下部鳞茎上出现红色小斑点，然后产生黑斑，病斑下组织变灰色，严重时整个鳞茎变黑腐烂，鳞茎表皮下形成米粒大小的黑色菌粒。发病地块常出现大面积缺苗。此病以老贝母产区和连作地块发生严重，低洼积水和施用未腐熟的粪肥可造成病害迅速蔓延，栽种带有病菌的种子也是发病的主要原因。每年的4—9月均可发生，一般以土壤解冻到展叶期（3—4月）和湖北贝母夏季休眠后期到入冬前（7—9月）为发病盛期。

防治方法：采取预防为主，综合防治的策略。①建立无病害留种田；②外地引种要做好检疫工作，种植后还要经常检查；③换新土和轮作，对零星发病地块应立即剔除病株并换新土，对重发病地块则应与大田作物轮作几年后再利用；④应选择地下水位低的地块种植，如果地下水位高，则应采用高畦种植；⑤密度要合理，下种时间要适宜；⑥一旦发病，可用50%多菌灵可湿性粉剂或50%甲基托布津可湿性粉剂800～1 000倍液灌根防治。

2）锈病

又称"黄疸"，也是为害较重的病害之一，一般发病率为40%～70%，严重年份达90%以上。

症状：主要为害地上部茎叶、叶背等，出现黄色圆形病斑，形成孢子群，成熟后随风传播，并可多次浸染，影响患病植株光合作用，严重时植株地上部提前枯萎死亡，影响地下鳞茎产量。病原孢子在病株残体上潜伏越冬，第二年可继续传染为害。多在4月下旬至5月初发生。一般在管理粗放及老贝母地、肥力低的地块发病较重。杂草多或施用未腐熟粪肥的地块也发病较重。如果久旱后陡降一两次小雨，锈病发病较快，而连续降雨、空气土壤湿度大时病害较轻。

防治方法：①入冬和早春严格做好清理田园工作；②生长期做好除草工作；③干旱时做好灌水工作；④在每年湖北贝母展叶期或发病初期，可选用25%粉锈宁粉剂300～500倍液，或70%甲基托布津可湿性粉剂800倍液，或97%敌锈钠300倍液喷雾防治，每7～10天喷1次，连续2次或3次。

3）立枯病和猝倒病

多在苗期为害，雨季多发生，引起地上植株枯死。

防治方法：选择无病害健康植株；实行轮作；注意排水，调节隐蔽度；苗期喷1∶1∶100波尔多液预防，发病初期用70%敌克松可湿性粉剂或70%甲基托布津可湿性粉剂1 000倍液灌窝。

七、采收及加工

1. 收获

湖北贝母一般在 5 月下旬至 6 月上旬采收。选晴天或阴天进行，用小铲挖起鳞茎，挖时尽量勿伤鳞茎，以免影响产品质量。除去地上部及须根，洗净泥土，清除残茎。将有病虫为害的剔出，一般小子（直径小于 1.2 cm）用来加工入药，大、中子（直径 1.2 cm 以上）用作栽植材料。

2. 加工

挖出后的湖北贝母要及时加工，洗净泥土，用石灰水浸泡 12 h，捞出拌石灰粉，摊放于晒席上；以 1 天能晒半干，次日能晒全干为好；切勿在石坝、三合土或铁器上晾晒；切忌堆沤，否则泛油变黄。如遇天气不好，洗后摊于筛板上，可用无烟热源烘炕，烘房温度控制在 40 ~ 50 ℃。若温度过高，贝母会变成“油子”，质量降低。在干燥（晒或烘）过程中，贝母外皮未呈粉红色时，不宜翻动，以防变黄。翻动宜用竹木器而不宜用手，以免变成“油子”或“黄子”。半干时可用手搓掉灰壳，筛出灰粉，用水淘洗余灰，再炕至全干，称为“毛货”。将毛货浸入淘米水及明矾、滑石粉、樟脑粉制的溶液中，12 h 后捞出炕至半干，然后在烈日下晒干，即成商品药材。

八、贮藏养护

应置通风干燥处贮藏，防霉，防蛀。

九、药材性状

本品药材呈扁圆球形，高 0.8 ~ 2.2 cm，直径 0.8 ~ 3.5 cm。表面类白色至淡棕色。外层鳞叶 2 瓣，肥厚，略呈肾形，或大小悬殊，大瓣紧抱小瓣，顶端闭合或开裂。内有鳞叶 2 ~ 6 枚及干缩的残茎。内表面淡黄色至类白色，基部凹陷呈窝状，残留有淡棕色表皮及少数须根。单瓣鳞叶呈元宝状，长 2.5 ~ 3.2 cm，直径 1.8 ~ 2 cm。质脆，断面类白色，富粉性。气微，味苦。

十、质量要求

杂质、水分、总灰分、浸出物、含量等质量指标参照《中华人民共和国药典》检测方法及规定。

1. 检查

水分不得超过 14%（通则 0832 第二法）；总灰分不得超过 6%（通则 2302）。

2. 浸出物

照醇溶性浸出物测定法（通则 2201）项下的热浸法测定，用稀乙醇作溶剂，不得少于 7%。

3. 含量测定

照高效液相色谱法（通则 0512）测定。

本品按干燥品计算，含贝母素乙（$C_{27}H_{43}NO_3$）不得少于 0.16%。

第五节　大黄栽培技术

一、概述

《中华人民共和国药典》收载的大黄为蓼科植物属多年生草本植物，别名将军、生军、川军等，始载于《神农本草经》。用作中药的主要品种有掌叶大黄（*Rheum palmatum* L.）、药用大黄（*Rheum officinale* Baill.）和唐古特大黄（*Rheum tanguticum* Maxim. ex Balf.）三种，以根及根状茎入药，味苦，性寒，归脾、胃、大肠、肝、心包经，主治泻下攻积、清热泻火、凉血解毒、逐瘀通经、利湿退黄，用于实热积滞便秘、血热吐衄、目赤咽肿、痈肿疔疮、肠痈腹痛、瘀血经闭、产后瘀阻、跌打损伤、湿热痢疾、黄疸尿赤、淋证、水肿，外治烧烫伤。

酒大黄善清上焦血分热毒，用于目赤咽肿、齿龈肿痛。熟大黄泻下力缓、泻火解毒，用于火毒疮疡。大黄炭凉血化瘀止血，用于血热有瘀出血症。大黄是多种中成药的重要原料。

二、产地分布

药用大黄是我国传统出口中药材，驰名中外，主产于湖北、甘肃、青海、四川等地，河北、内蒙古等地区也广泛栽培。

在湖北主要分布于西部，是恩施道地药材之一，在巴东县亦有大量栽培。由于根茎中心干燥后收缩而凹陷成马蹄状，俗称“马蹄大黄”。

三、生长习性

大黄喜凉爽湿润气候，耐严寒，怕高温，多种植于海拔 1 300 ~ 1 800 m 的高寒地区。冬季可耐 −10 ℃的气温，适宜在温度 15 ~ 25 ℃（超过 30 ℃时生长缓慢，高温时间过长植株易坏死）、年降水量 500 ~ 1 000 mm 地区生长。土壤以土层深厚、较疏松肥沃、排水良好的壤土或砂质壤土为宜。在黏重、酸性、排水不良、低洼易积水的地块生长不良；土中含砂砾或腐殖质太多而过于疏松者，则根系分叉多，品质差。忌连作，宜与豆科禾本科作物轮作。海拔较低的其他地区，条件较适宜时亦可栽植。

四、栽培技术

（一）选地、选茬、施肥与整地

大黄的适宜生长环境：土层深厚、质地疏松、排水良好的腐殖质土或砂质壤土，中性或微碱性土壤，阴湿、多雾的气候，倾斜度 25° ~ 30° 的缓坡地，海拔 1 300 ~ 1 800 m 的高寒地。黏重土、酸性和低洼积水地，海拔低于 1 000 m，土壤严重污染和损害，土质坚硬、易板结的土地不适于大黄栽培。对于忌讳的酸性土，每亩可施用 100 ~ 200 kg 生石灰或有机硅改良土壤，同时，土壤酸化易滋生根腐病、黑粉病等土传病害，可用生物菌肥消灭土传病害。前茬应选择大豆、玉米等豆科、禾本科作物。土地选择不恰当，会导致长势差、产量低。

在选好的地块上，每亩撒施腐熟的厩肥或堆肥 2 500 ~ 4 000 kg，地下害虫危害较严重的地块还要施入适量敌百虫粉等农药，然后深耕 30 cm，耙细整平，做成宽 1 ~ 1.2 m 的平畦或高畦，四周开好排水沟，即可待播种或栽植。

（二）播种与繁殖

大黄主要用种子繁殖，育苗移栽和直播均可。此外，也可用根茎上形成的子芽繁殖。凡感染根腐病、黑粉病的大黄，均不能留种。

1. 育苗移栽

春、秋播种均可，秋播用当年采下的种子（三年生的成熟饱满种子），于种子成熟采收后立即播种，或放至 8—9 月播种。春播于 3—4 月土壤解冻后进行，但播前需进行催芽处理，即先将种子放入 20 ~ 25 ℃的温水中浸泡 4 ~ 8 h，以 2 ~ 3 倍于种子重量的细沙拌匀，放在向阳的地下坑内催芽，或用湿布将要发芽的种子包上，每天翻动并淋水 1 次或 2 次，当有 1% ~ 2% 的种子裂口萌发时即可播种，条播、撒播均可。

条播：在畦内按行距 15 ~ 20 cm，横向开深 3 cm、宽 6 ~ 10 cm 的沟，将种子均匀撒入沟内，每隔 1 ~ 2 cm 有种子 1 粒，覆土以盖住种子为度，稍压实，畦面盖草防晒保湿。每亩用种子 3 ~ 5 kg。

撒播：将种子直接均匀地撒于畦面上，每隔 2 ~ 3 cm 有 1 粒种子，播后盖草木灰或过筛细粪土，厚度以不露种子为度，最后畦面盖草保湿。播种前若土壤水分不足，应先浇水，水下渗使表土松散后播种。每亩用种 4 ~ 7 kg。

条件适宜时，播后 20 天左右出苗。苗齐后选阴天或傍晚揭去盖草，拔除杂草，间除过密处的弱小、不健壮苗。生长期间，结合中耕除草追施 1 次或 2 次清淡人畜粪水，促进幼苗健壮生长。培育 1 年即可移栽定植。

2. 露地直播

于初秋或早春播种，播种时，按行距 60 ~ 80 cm、株距 50 ~ 70 cm 穴播，穴深 3 cm 左右，每穴播种子 3 ~ 5 粒，播后覆土与地面平，稍压实后再适当盖草保湿，每亩用种 0.5 ~ 1 kg；或按行距 70 cm 开沟条播，每亩用种 1.5 ~ 2 kg。苗期管理与育苗田相同。出苗后间苗 1 次，苗高 10 ~ 15 cm 时定苗，每穴 1 株或 50 ~ 70 cm 1 株。勤中耕除草，并追肥 1 次或 2 次。

3. 子芽繁殖

在收获大黄时，选健壮无病害、带子芽的根茎（大黄块茎四周有芽子的部位切除后留下的“盖鼻”作为种子和种芽受伤留下小部分芽子的种子，不易萌发），将根茎纵切 3 ~ 5 块，切口蘸上草木灰，于畦内按行株距 70 cm × 50 cm 挖穴栽植，每穴放根茎 1 块，芽头向上，放于穴正中，覆土 6 ~ 7 cm，稍踩实即可。子芽繁殖，植株生长快，第二年能开花，第三年可收获。

（三）移栽定植

秋播者于翌年 9—10 月移栽（秋播种子新鲜，发芽率高，幼苗移栽后植株生长健壮，产量高），春播者于翌年 3—4 月移栽。移栽前，先将大黄苗挖出，选根茎直径在 1.5 cm 以上的健壮幼苗，剪去侧根及主根细长的部分。然后于做好的畦内，按行株距 70 cm × 50 cm，挖深 30 cm 的栽植穴，施入底肥，每穴栽苗 1 株。栽植时，将种苗根尖端向上弯曲呈“L”形定植，即“曲根定植”，随栽随覆土。覆土厚度春栽宜浅，使幼芽露出地面；秋栽宜深，应高出芽生长点 5 ~ 7 cm，以便防冻越冬。覆土后，穴内的土面应低于畦面 10 cm 左右，以便追肥培土。

（四）田间管理

1. 中耕除草

大黄从定植后开始生长或直播田出苗后，当植株长出两三片叶时，间苗定苗，去弱留强，中耕除草 2 ~ 4 次，尤其是生长前期，苗生长慢，应勤中耕除草。生长中后期，发现大草应及时拔除。中耕次数应随生长年限增加而减少。

2. 追肥

大黄喜肥，除基肥外，每年结合中耕除草还要追肥 2 次或 3 次。第一次于大黄苗返青后，每亩追施人畜粪水 1 000 ~ 2 000 kg，或腐熟饼肥 40 kg、过磷酸钙 10 ~ 20 kg、硫酸钾 7 ~ 8 kg 和硫酸铵 10 kg 等与土混匀后培于植株茎基部；第二次于 7 月下旬，每亩施复合肥 10 ~ 15 kg；第三次于秋末植株枯萎后，施用腐熟农家肥，覆盖防冻。

3. 培土

大黄根茎肥大，不断向上生长，每次中耕除草和追肥时都应培土，将垄上的土培于植株茎基部，以促进根茎生长和防止冻害。

4. 除花薹

移栽 3 年后的大黄 5—6 月抽薹开花，除留种植株外，当花薹刚刚抽出时，应及早除去花薹。选择晴天用镰刀将花薹割去，并培土到割薹处，稍压实，防止雨水浸入空心花序茎中，引起根茎腐烂。

5. 间套种作物

大黄定植或直播的第一年，植株生长慢，行株距大，可充分利用空间，套种大豆、马铃薯等一年生矮秆经济作物，增加一部分收入。

五、病虫害防治

1. 病害

1）根腐病

根腐病是大黄毁灭性的病害。常在 7—8 月高温多湿的雨季发病，潮湿和连作地根腐病更为严重。早期叶面发黄、萎蔫、枯萎，地下根茎出现湿润性不规则的褐色斑点，随后迅速扩大，深入根茎内部，向四周蔓延腐烂，最后使全株变黑、死亡。

防治方法：实行轮作；疏沟排水，降低田间湿度；当田间发现中心病株时，及时拔除，带出田外烧毁或深埋，并用 5% 石灰水浇灌病穴；对尚未发病的田间植株喷 1∶1∶100 的波尔多液，发病时喷 80% 代森锌可湿性粉剂 500 ~ 600 倍液，每 7 ~ 10 天灌根 1 次，连灌 3 次或 4 次。严重时每亩喷施 2 000 g 基因激活调控剂（绿亨 168）。

2）霜霉病

在低温多湿条件下容易发病。一般在 4 月中下旬发病，5—6 月发病严重。发病时叶上病斑呈多角形至不规则形，黄绿色，边缘不明显。严重时，叶片变黄渐次干枯。天气湿润时，在叶背的病斑处可见紫色的霜状霉层。

防治方法：实行轮作，保持土壤排水良好；及时拔除病株并加以烧毁，病穴土壤用石灰消毒；种茎用 40% 霜疫灵 300 ~ 400 倍液浸 10 min 后栽种；发病期可喷 80% 代森锰锌可湿性粉剂 500 ~ 600 倍液或甲霜灵可湿性粉剂 800 倍液，每 7 ~ 10 天喷施 1 次，连喷 3 次或 4 次。

3）黑粉病

主要为害叶部的叶脉和叶柄。叶片受害，初期叶背的叶脉局部变粗、隆起，呈网状、山脊状，有些呈囊状、球状，初呈粉红色、紫红色至玫瑰红色，后变红褐色至紫褐色。叶正面局部叶脉初呈浅黄色网状斑块，后变红褐色。严重时，叶片皱缩，病区内组织变红褐色至紫黑色坏死，呈瘤状。后期瘤部破裂，散出黑粉，为病菌的冬孢子。叶柄受害，形成大小不等的瘤状隆起，排列成行，初呈黄绿色至紫红色，后变黄褐色。植株生长后期，病瘤破裂，散出黑粉。潮湿时，病斑开裂处出现白色菌丝。严重时，病株叶片皱缩畸形，生长停滞，植株提前枯死，主要发生在大田栽培的二年生大黄上。一般在 6 月上旬即表现症状，7 月为发病盛期，重茬地发病严重。

防治方法：

（1）耕作栽培。实行 3 年以上轮作；从健康植株上采种；收获后彻底清除田间病株残体，减少初侵染源。

（2）种子及土壤处理。用种子重量 0.3% 的 50% 多菌灵可湿性粉剂拌种；或用 50% 多菌灵可湿性粉剂按每亩 4 kg 加细土 30 kg，拌匀后撒于地面，耙入土中，处理土壤。

（3）种苗处理。种苗栽植前用 25% 粉锈宁可湿性粉剂 1 000 倍液或 50% 多菌灵可湿性粉剂 600 倍液蘸根，晾干后栽植。

4）轮纹病

从幼苗出土至收获前均能发病。受害叶片出现近圆形的病斑，直径 1 ~ 2 cm，红褐色，具同心轮纹，内密生黑褐色小点，边缘不明显。严重时叶片枯死。

防治方法：秋末冬初清除落叶、枯叶，减少越冬病源；加强早期中耕除草，增施有机肥，提高抗病力；从出苗后第 15 天起，连续喷洒 2 次或 3 次 77% 可杀得可湿性粉剂 800 倍液或 75% 代森锰锌可湿性粉剂 600 倍液。

2. 虫害

1）金龟子

为害叶片。

防治方法：利用黑光灯，诱杀成虫；消灭地下蛴螬。

2）蚜虫

6—8 月为害叶片，吸汲幼叶汁液。造成叶片卷曲发黄、花蕾畸形，产量降低。

防治方法：在 4 月初蚜虫为害猖獗时，可选用 10% 蚜虱净可湿性粉剂 5 000 倍液、1.8% 虫螨克 6 000 倍液，每 7 ~ 10 天喷药 1 次，喷施 1 次或 2 次即可控制。

3）斜纹夜蛾。

为害叶片。6—7 月，初龄幼虫咬食下表皮与叶肉，严重时叶片被吃光，只剩下主脉。

防治方法：黑光灯诱杀；用 90% 敌百虫 800 ~ 1 000 倍液喷杀。

六、采收及加工

1. 采收

春栽后第三年、秋栽第四年的秋季，于地上部茎叶枯萎时，选晴天先割去地上茎叶，小心地将根茎完整挖出，抖去泥沙，运回加工。

2. 加工

切去根茎上的顶芽，挖去芽穴，用瓷片（忌用铁器）刮去根茎及根周围的栓皮。主根切成长 9 ~ 12 cm 的段，过粗的纵切成 2 片或 3 片厚 6 cm 的片，用绳串起，悬挂于房檐下阴干或用文火烘干。烘干温度为 60 ℃左右，烘到七成干时，取下堆放发汗，使内部水分外渗，然后烘至全干。如干燥过急，易出现中心空枯黑腐，影响质量。干后置筐内撞去外皮和细根，呈黄色时即可供药用。根茎部称大黄，根与侧根可作兽用大黄。每 3 ~ 4 kg 鲜货，烘干后还剩 1 kg。

七、贮藏养护

置通风干燥处，防蛀。

八、药材性状

本品呈类圆柱形、圆锥形、卵圆形或不规则块状，长 3 ~ 17 cm，直径 3 ~ 10 cm。除尽外皮者表面黄棕色至红棕色，有的可见类白色网状纹理及星点（异型维管束）散在，残留的外皮棕褐色，多具绳孔及粗皱纹。质坚实，有的中心稍松软，断面淡红棕色或黄棕色，显颗粒性；根茎髓部宽广，有环列或散在星点；根木部发达，具放射状纹理，层环明显，无星点。气清香，味苦而微涩，嚼之黏牙，有砂粒感。

九、质量要求

大黄以质坚实、断面锦纹明显、气清香、味苦而微涩者为佳品。

大黄质量应符合《中华人民共和国药典》相关规定。

1. 检查

水分不超过 15%（通则 0832 第二法）；总灰分不超过 10%（通则 2302）。

2. 浸出物

照水溶性浸出物测定法（通则 2201）项下的热浸法测定，不得少于 25%。

3. 含量测定

总蒽醌：照高效液相色谱法（通则 0512）测定。本品按干燥品计算，含总蒽醌以芦荟大黄素（$C_{15}H_{10}O_5$）、大黄酸（$C_{15}H_8O_6$）、大黄素（$C_{15}H_{10}O_5$）、大黄酚（$C_{15}H_{10}O_4$）和大黄素甲醚（$C_{16}H_{12}O_5$）的总量计，不得少于 1.5%。

游离蒽醌：照高效液相色谱法（通则 0512）测定。本品按干燥品计算，含游离蒽醌以芦荟大黄素（$C_{15}H_{10}O_5$）、大黄酸（$C_{15}H_8O_6$）、大黄素（$C_{15}H_{10}O_5$）、大黄酚（$C_{15}H_{10}O_4$）和大黄素甲醚（$C_{16}H_{12}O_5$）的总量计，不得少于 0.20%。

第六节 天麻栽培技术

一、概述

《中华人民共和国药典》收载的天麻为兰科植物天麻（*Gastrodia elata* Bl.）的块茎，属多年生共生草本植物，别名赤箭、定风草、木浦、明天麻等。以块茎入药，味甘，性平、微温，归肝经。有息风止痉、平抑肝阳、祛风通络功能。用于小儿惊风、癫痫抽搐、破伤风、头痛眩晕、手足不遂、肢体麻木、风湿痹痛等症。

我国利用天麻治病已有 2 000 多年历史，无毒副作用，市场需求量很大，是极其重要的药用品、食用品、保健品。近年来发现天麻具有镇静、抗惊厥、镇痛、抗衰老、改善记忆力和循环及免疫功能等作用。

全国各地均有栽培，主产于湖北、四川、云南、贵州、陕西等地；在巴东县亦有大量栽培。

二、生物学特性

天麻根据其形状、大小、生长阶段等可划分为剑麻、白麻、米麻和母麻四种。其中个体肥大、肉质肥厚、顶端有 1 个明显凸出的芽嘴，能抽薹开花者为剑麻，又称“商品麻”，加工成商品即为天麻。块茎比剑麻小，芽嘴不明显，仅有一白色生长点、不能抽薹者为白麻（白头麻）。由剑麻和白麻分生出来的直径 2 cm 以下的天麻块茎称为“米麻”。开花结果后衰老、内部腐烂中空的天麻为母麻。其中，白麻和米麻是用来生产天麻的无性繁殖材料。

三、植物形态特征

天麻块茎呈长椭圆形，有顶生红色混合芽的剑麻、无明显顶芽的白麻和米麻。剑麻一般长 8 ~ 12 cm，直径 2 ~ 7 cm，重 100 ~ 400 g，外表有均匀的环节及芽眼。地上茎单一，高 100 ~ 150 cm，直径 1 ~ 1.5 cm，圆柱形，有 5 ~ 7 节，肉红色，茎上抱浅褐色膜质鳞片叶，顶生总状花序、花淡绿色或黄色，萼片和花瓣合生成花被筒，顶端5裂，口部偏斜。合蕊柱1 cm长，子房长卵形，柄扭转。蒴果长圆形至长倒卵形，有短梗，浅红色，长1.5～1.7 cm，直径8 mm，有6条纵缝线。内有种子上万粒，种子长0.7～1 mm，宽0.15～0.2 mm，细小如粉状，呈纺锤形或弯月形。花期5—6月，果期6—7月。

四、生长习性

天麻与蜜环菌共生，以蜜环菌的菌丝或菌丝的分泌物为生长营养来源。天麻喜凉爽湿润环境，既怕积水又怕旱，既怕高温又怕冻，生长环境以常年多雨雾，年平均气温在10 ℃以上，富含腐殖质、疏松肥沃、排水良好、pH值5.5～6的砂质壤土最为理想。

天麻是一种特殊的草本兰科植物，是无根、无绿色叶片的非绿色植物。天麻既不能直接从土壤中吸收大量养分，也不能进行光合作用制造有机物质，必须和蜜环菌建立共生关系才能生长。

蜜环菌是一种以腐生为主的兼性寄生真菌，可以分解木质素，既能在死的树桩、树根上营腐生生活，又能在栎、桦、杨、柳等上百种植物体上营寄生生活。天麻生长需要一定的温度、湿度条件，土壤含水率在30%～40%；温度6～8 ℃开始生长，20～25 ℃生长最快，超过30 ℃停止生长。蜜环菌其通常以菌索的形式侵入活的或死的植物体，分解其组织，并从中获得营养。其菌索侵入天麻体内后，天麻溶解菌丝变成自己的营养，这样，天麻便可从生长在植物体上的蜜环菌里不断获得营养。

天麻、蜜环菌和栎、桦等植物体共同构成一个生态食物链，蜜环菌成了其中的营养桥梁，而桦、栎等菌材就是天麻生长的营养物质基础。

五、生长周期

天麻从种子萌发到新种子形成一般需要3～4年的时间。天麻的种子很小，千粒重仅为0.001 5 g，种子中只有1胚，无胚乳，因此必须借助外部营养供给才能发芽。胚在吸收营养后，迅速膨胀，将种皮胀开，形成原球茎。随后，天麻进入第一次无性繁殖阶段，分化出营养繁殖茎，营养繁殖茎必须与蜜环菌建立营养关系，才能正常生长。被蜜环菌侵入的营养繁殖茎短而粗，一般长 0.5 ~ 1 cm，粗 1 ~ 1.5 mm，其上有节，节间可长出侧芽，顶端可膨大形成顶芽。顶芽和侧芽进一步发育便形成米麻（长 1 ~ 2 cm）和白麻（长 2 ~ 7 cm，直径 1.5 ~ 2 cm，重 2.5 ~ 30 g）。进入冬季休眠期以前，米麻能够吸收营养而形成白麻。种麻栽培当年以白麻、米麻越冬。

第二年春季当地温达到 6 ~ 8 ℃时，蜜环菌开始生长，米麻、白麻被蜜环菌侵入后，继续生长。当地温升高到 13 ℃左右时，白麻开始萌动。在蜜环菌的营养保证下，白麻分化出 1 ~ 1.5 cm 长的营养繁殖茎，在其顶端可生发数个到几十个侧芽，这些芽的生长形成新生麻，原米麻、白麻逐渐衰老、变色，形成空壳，成为蜜环菌良好的培养基，称为“母麻”；也可分化出具有顶芽的剑麻。剑麻体积较大，长 6 ~ 15 cm，重 30 g 以上，剑麻的顶芽粗大，先端尖锐，芽内有穗原始体，剑麻加工干燥后即为商品麻。也可以留种越冬，次年抽薹开花，形成种子，进行有性繁殖。

第三年留种的剑麻越冬后，4 月下旬到 5 月初当地温为 10 ~ 12 ℃时，顶芽萌动抽出花薹，地温为 18 ~ 22 ℃时生长最快，地温 20 ℃左右时开始开花，从抽薹到开花需 21 ~ 30 天，从开花到果实成熟需 27 ~ 35 天，花期温度低于 20 ℃或高于 25 ℃时，则果实发育不良。剑麻自身储存的营养已足够抽薹、开花、结果的需要，只要满足其温度、水分的要求，无须再接蜜环菌，即可维持正常的生长繁殖。当剑麻抽薹开花后，块茎也会逐渐衰老、中空、腐烂，成为母麻。

天麻除了抽薹、开花、结果的 60 ~ 70 天植株露出地面，其他的生长过程都是在地表以下进行的。

六、栽培关键技术

（一）选地

天麻在巴东县适宜种植在海拔 1 000 ~ 1 800 m 的地区，低山区亦可栽植。一般在高山应选阳坡或半阳坡地，在中山宜选半阴半阳坡地，低山宜选阴坡或半阴坡地。土壤以选择排水良好、疏松较肥沃、微酸性的砂质壤土为宜。忌黏土和涝洼积水地，忌重茬。

（二）培养菌材

栽培天麻首先应在木棒或木段上培养蜜环菌，生长蜜环菌的木棒称为“菌材”或“菌棒”。培养菌材应抓好4个环节。

1. 木材准备

一般阔叶树的木材均可，但以木质坚实耐腐、易接菌种的木材为宜。常用的有桦树、栎树、杨树、桃树等。选直径5～12 cm的树棒，锯成长30～50 cm的木段，根据粗细在锯好的木棒四周皮部砍2～4排鱼鳞口，以利蜜环菌侵入生长。

2. 收集菌种

菌种的来源：一是人工培育菌种；二是利用已经伴栽过天麻的旧菌材；三是从市场上购买。

3. 培养时期

蜜环菌在气温为6～28 ℃时均可生长，以25 ℃左右为最适，高于30 ℃即停止生长。所以，室外培养，北方以5—8月为宜，南方可分别于3—5月和7—9月培养2次。室内培养一年四季均可。

4. 培养方法

有坑培、半坑培、堆培和箱培四种方法。

（1）坑培法。适于低山区较干燥的地方。在选好的场地上，挖深30～50 cm的坑，大小依地形及木段多少而定，一般不超过100根木段。将坑底铺平，先铺一层菌种，然后将事先准备好的木段摆层，木段上再铺一层菌种，并用少量腐殖土、腐熟落叶或锯末填平空隙，然后摆两层木段，平铺一层菌种，喷洒适量清水。依次进行，最后在表面放一层新材，盖土10 cm与地面持平即可。

（2）半坑培法。适于温湿度适宜的主产区。挖深30 cm的坑，同时有1层或2层木段高出地面，培养方法同坑培法。

（3）堆培法。在地面上一层层堆积，培养方法同坑培法。此法适于温度低、湿度大的高山区。

（4）箱培法。主要用于室内，四季均可培养。土温以20 ℃左右为好，培养方法同坑培法。

（三）天麻繁殖

天麻繁殖方法有无性繁殖和有性繁殖两种。

1. 块茎无性繁殖

天麻无性繁殖的栽植方法有以下两种：

（1）菌材加新材法。挖深 30 cm、直径 60 ~ 70 cm 的窝坑，窝底铺一层薄树叶，每坑栽 2 层，下层两边放 2 根菌材，中间菌材、新材间隔放，两材相距 2 ~ 3 cm，种麻紧靠菌材，每两材间放种麻 3 个或 4 个，菌材两头各摆 1 个，种麻靠近菌材平行摆放。栽完一层后用土填充好空隙，再盖 1 ~ 2 cm 湿土。随后按同样方法再放层，最后于上面盖土 8 ~ 10 cm，再盖一层腐熟潮湿树叶，保温保湿，使坑顶凸起，四周开好排水沟。

（2）苗床栽培法。应在 6—7 月培育好苗床。按上述方法挖好坑，坑内摆两层新材，每 2 根新材间放菌材 2 段或 3 段，两材相距 2 ~ 3 cm，然后填好空隙，覆盖细土，即成苗床。当年冬季或第二年春季即可栽植天麻。栽植时将上面一层菌材掀起，把下层菌材间距扩大些，在菌棒间和菌棒两头挖小洞，放入种麻 5 个或 6 个，填一层薄土，再栽第二层，最后盖土 8 ~ 10 cm，覆盖一层潮湿树叶，保温保湿，四周开好排水沟。

2. 种子繁殖

用种子繁殖可防止无性繁殖引起的天麻种退化和种源缺乏问题。

（1）种子培育。培育种子应在育种圃中进行。育种圃应选择较平坦、排水良好的砂质壤土，有大树遮阴或搭棚架遮阴，并盖塑料薄膜防雨，便于雨天授粉操作。

（2）剑麻选择。选择重 100 ~ 200 g、芽顶饱满、无损伤、无病虫害的剑麻作育种剑麻。

（3）剑麻栽培。11 月天麻收获，边挖边选种边栽。剑麻栽时平放，芽嘴向上，栽后覆盖细沙土 15 ~ 20 cm，株距 15 ~ 20 cm，每 2 行留一授粉道。春季芽旁插竹竿，剑麻抽薹后绑架防倒，冬季寒冷可加盖细土或用稻草覆盖防冻害。

（4）人工授粉。自然条件下野生天麻靠隧蜂、花萤等昆虫授粉，人工栽培的剑麻必须辅以人工授粉。天麻花穗自下向上顺序开花，授粉也应按开花顺序分批进行。在开花的当日至第三天，用小镊子或针取出一朵花的花药，挑去药帽，将花粉授到另一朵花的柱头上。授粉后的花朵很快会凋谢，子房膨大，20 天左右蒴果开裂。

（5）采收及播种。6—7 月，当野生或人工栽培的剑麻蒴果由下而上成熟时陆续采收（种子应在果实开裂前两三天采收，嫩熟的种子发芽率高），抖出种子，边采边播。在培养好的菌材坑上，揭去覆土和上层的菌材，轻轻挖去下层菌材间的少量填土，用毛笔蘸天麻种子，均匀撒播在靠近菌材的空隙间，然后覆土 1.5 ~ 1.6 cm，再放上掀起的菌材，盖土 8 ~ 10 cm。播种后第二年秋季或第三年春季收获，作为种麻栽植。

（四）田间管理

春季揭去覆盖物，套种玉米、大豆等作物，既可增加收益，又可遮阴保湿。应经常保持土壤湿润，旱时浇水，雨季排除积水。寒冷地区于冬季在麻床上加盖土层或树叶、草，以利安全越冬。低山、平原区栽培应搭棚或间种作物遮阴，以解决夏季高温问题。同时，还应通过加大接菌量和调节好温度、湿度来防止杂菌感染。

七、病虫害防治

1. 病害

天麻常见的病害有块茎腐烂病、杂菌感染、日灼病等。

1）块茎腐烂病

块茎腐烂病是由多种病因引起的，主要有块茎黑腐病、块茎锈腐病。

（1）块茎黑腐病。染病的天麻早期出现黑斑，后期腐烂，有时半个天麻变成黑色，味极苦。

（2）块茎锈腐病。染病天麻横切面中柱出现小黑斑，一般连作穴和多代繁殖种质退化的天麻染病严重。

2）杂菌感染

在天麻生长过程中有一些菌种在菌材上生长，它们并不引起天麻腐烂，而是与蜜环菌争夺营养、水分等，导致天麻营养供应不良，造成减产，这些杂菌导致的病害称为“杂菌感染”。

3）日灼病

因遮阴不足，天麻受到烈日的灼伤，使花茎变色、倒伏，称“日灼病”。天麻抽薹后花茎出土，受日光灼伤后颜色变深、变黑，遇到阴雨感染霉菌，使茎倒伏。

防治方法：目前采取的是农业综合防治措施。选地应选取排水良好的缓坡地；要严格挑选菌种，在接种时应加大接种量，抑制杂菌生长；栽培坑不宜过大，菌材要新鲜，若感染杂菌可弃之不用；加强田间的水分管理，做到防旱、防涝又保墒；在准备菌材时用 0.1% ~ 0.2% 多菌灵浸泡，杀死一部分杂菌；推广有性繁殖技术，提高种麻的抗逆性；培育种子时应搭建遮阳棚，防止灼伤。

2. 虫害

天麻的虫害有蛴螬、蝼蛄、蚧壳虫、蚜虫等。

1）蛴螬

为害天麻块茎。幼虫在天麻窝内咬食块茎，将天麻咬成空洞，并在菌材上蛀洞越冬，毁坏菌材。蛴螬一般昼伏夜出，晚上取食。

防治方法：安装黑光灯，诱杀成虫，减少产卵量；用 90% 敌百虫 800 倍液、75% 辛硫磷乳油 700 倍液浇灌。

2）蝼蛄

为害天麻块茎。以成虫或幼虫在天麻表土层下开纵横隧道，嚼食天麻块茎，破坏天麻与蜜环菌的共生关系。

防治方法：安装黑光灯，灯光诱杀；采用毒饵诱杀，用 90% 敌百虫 0.15 kg 加水成 30 倍液，加 5 kg 半熟麦麸或豆饼，拌成毒饵。

3）蚧壳虫

为害天麻块茎。天麻收获时常见到有成群的粉蚧集中于天麻的块茎上，为害处颜色加深，严重时块茎瘦小甚至停止生长。

防治方法：天麻收获后，对栽培坑进行焚烧或将菌棒放在坑内架火烧毁，收获的天麻不能作为种麻继续使用。

4）蚜虫

为害天麻花薹及花序。以成虫或若虫群集于天麻的花茎及嫩花上刺吸汁液，使花茎生长停滞，植株矮小，变为畸形。花穗弯曲，果实瘦小，影响开花结实，严重时引起植株枯死。

防治方法：用 20% 速灭杀丁 8 000 ~ 10 000 倍液喷雾 1 次或 2 次或用 40% 乐果乳剂 2 000 ~ 3 000 倍液喷杀。

八、收获及加工

（一）收获

我国天麻产区分布广，收获时间也不同。南方多在 11 月冬收冬栽，华北地区采用春收春栽，东北寒冷地区冬收春栽。但是，都应以新生块茎生长全面进入休眠后方可收获。收获时先将表土或覆盖物挖去，揭开上层菌材，取出剑麻、白麻和米麻，防止碰伤块茎。

收获后，选取麻体完好、健壮的少量剑麻作有性繁殖用，白麻、米麻作种用。其余剑麻和大白麻均作商品加工入药，受伤的块茎也可加工药用。天麻的产量因栽培环境和方式不同而异，北方温室栽培的每平方米可产鲜天麻 5 ~ 10 kg；高产的可达 15 kg；主产区野外栽培的，每窝产鲜麻 1 kg 左右，高产的可达 1.5 ~ 2 kg，折合每平方米 3 ~ 6 kg。折干率 15% ~ 25%。

（二）加工

收获的剑麻和白麻，必须及时加工以保证其药用价值，长时间堆放，会引起腐烂而影响质量。加工的工序如下。

1. 分级

根据天麻大小分级，150 g 以上为一级，75 ~ 150 g 为二级，75 g 以下为三级，损伤的剑麻和种麻为等外级。

2. 清洗泥土

将分级后的天麻用水冲洗干净。当天洗净的天麻，当天开始加工，不能在水中过夜。

3. 蒸煮

数量少时可用蒸的方法（蒸的天麻比煮的质量好），将不同级别的天麻分别放在蒸笼屉上蒸 15 ~ 30 min，以无白心为度。数量多时，多用水煮方法，待水开后，将不同级别的天麻分别投入沸水中，一级鲜天麻煮 10 ~ 15 min，二级煮 8 ~ 10 min，三级煮 6 ~ 8 min，等外级煮 5 min。水煮时间以将天麻煮透基本无白心为标准。煮后的天麻在光亮处看没有黑心时即可出锅。水煮时间过长，麻体变软，会降低折干率而影响质量。

4. 烘烤

烘烤天麻的火力不可过猛。温度开始以 50 ~ 60 ℃为宜，升得过快、过高则会烘焦，皮干内湿，产生气泡；温度长时间低于 45 ℃，易感染霉菌。当烘至七八成干时，取下压扁使其回潮后再继续上炕，此时温度应控制在 70 ℃左右，不能超过 80 ℃，以防麻体干焦变质。天麻干透后即出炕，时间过长也会变焦。

一般 4 ~ 5 kg 鲜天麻可加工 1 kg 干品。

九、贮藏养护

置通风干燥处，防蛀。

十、药材性状

天麻药材呈椭圆形或长条形，略扁，皱缩而稍弯曲，长 3 ~ 15 cm，宽 1.5 ~ 6 cm，厚 0.5 ~ 2 cm。表面黄白色至黄棕色，有纵皱纹及由潜伏芽排列而成的横环纹多轮，有时可见棕褐色菌索。顶端有红棕色至深棕色鹦嘴状的芽或残留茎基；另端有圆脐形疤痕。质坚硬，不易折断，断面较平坦，黄白色至淡棕色，角质样。气微，味甘。

十一、药材质量

天麻以体大、肥厚、质坚实、色黄白、断面明亮、无空心者为佳，体小、肉薄、色深、断面晦暗、中空者质次。

天麻药材质量必须符合《中华人民共和国药典》相关规定。

1. 检查

水分不得超过15%（通则0832第二法）；总灰分不得超过4.5%（通则2302）；二氧化硫残留量照二氧化硫残留量测定法（通则2331）测定，不得超过400 mg/kg。

2. 浸出物

照醇溶性浸出物测定法（通则2201）项下的热浸法测定，用稀乙醇作溶剂，不得少于15.0%。

天麻药材按干燥品计算，含天麻素（$C_{13}H_{18}O_7$）和对羟基苯甲醇（$C_7H_8O_2$）的总量不得少于0.25%。

第七节　党参栽培技术

一、概述

《中华人民共和国药典》收载的党参为桔梗科植物党参［*Codonopsis pilosula*（Franch.）Nannf.］、素花党参［*Codonopsis pilosula* Nannf. var. *modesta*（Nannf.）L .T . Shen］或川党参（*Codonopsis tangshen* Oliv.）的干燥根。秋季采挖，洗净，晒干。党参为桔梗科多年生缠绕性草本植物，别名东党、西党、台党、条党、狮头参等，以根入药，味甘，性平，归脾、肺经。主健脾益肺、养血生津，用于脾肺气虚、食少倦怠、咳嗽虚喘、气血不足、面色萎黄、心悸气短、津伤口渴、内热消渴等症。

党参为药食同源品种，湖北主要种植的是川党参。

二、产地分布

川党参主产于四川北部及东部、贵州北部、湖南西北部、湖北西部以及陕西南部。

党参为湖北省道地药材，恩施“板桥党参”为地理标志保护产品，主产于恩施州板桥镇，习称“板党”，在巴东县亦有种植。

三、植物形态特征

党参植株除叶片两面密被微柔毛外，全体几近于光滑无毛。茎基微膨大，具多数瘤状茎痕，根常肥大呈纺锤状或纺锤状圆柱形（俗称狮子头），较少分枝或中部以下略有分枝，表面灰黄色，上端 1 ~ 2 cm 部分有稀或较密的环纹，而下部则疏生横长皮孔，肉质。茎缠绕，多数分枝，具叶，不育或顶端着花，淡绿色、黄绿色或下部微带紫色，叶在主茎及侧枝上的互生，在小枝上的近于对生，叶片卵形、狭卵形或披针形，顶端钝或急尖，基部楔形或较圆钝，仅个别叶片偶近于心形，边缘浅钝锯齿，上面绿色，下面灰绿色。花单生于枝端，与叶柄互生或近于对生；花有梗；花萼几乎完全不贴生于子房上，几乎全裂，裂片矩圆状披针形，顶端急尖，微波状或近于全缘；花冠上位，钟状，淡黄绿色但内有紫斑，浅裂，裂片近于正三角形；子房对花冠而言为下位，直径 0.5 ~ 1.4 cm。蒴果下部近于球状，上部短圆锥状，直径 2 ~ 2.5 cm。种子多数，椭圆状，无翼，细小，光滑，棕黄色。

党参花期 8—9 月，果期 9—10 月。

四、生态环境

党参野生于海拔 900 ~ 2 500 m 的山地林边灌丛中，现已大量栽培。

五、生物学特性

党参喜气温温和、夏季较凉爽的气候，耐严寒；怕高温，忌积水，尤其是高温高湿条件对其生长极为不利，甚至导致死亡；一般在 8 ~ 30 ℃能正常生长；最适生长温度是 20 ~ 25 ℃，温度在 30 ℃以上党参生长受到抑制。党参具有较强的抗寒性，在 –28 ℃不会冻死，仍能保持生命力。种子在 10 ℃左右、湿度适宜的条件下开始萌发，发芽最适温度为 18 ~ 20 ℃。新鲜种子发芽率可达 85% 以上，但隔年种子发芽率极低，甚至完全丧失发芽率，故不宜作为陈种。幼苗喜荫蔽湿润，怕强光直射；成株及大苗喜光，幼苗期所需光照度为 15% ~ 20%，成株期所需光照度为 90% ~ 100%。

六、生长习性

野生于山地林缘及灌丛中。党参种子细小，寿命短，一般陈种不能作种子用。幼苗期生长缓慢，特别是出现 3 对叶之前怕强光直射。党参生产较适宜的海拔高度为 1 300 ~ 1 800 m。一般在年降水量 500 ~ 1 200 mm，平均相对湿度 70% 的条件下即可正常生长。喜土层深厚、富含腐殖质、疏松肥沃、排水良好的砂质壤土种植。忌重茬。

七、生长周期

多年生草本，药材栽培一般种植 2 ~ 3 年即可采挖，部分产区需要生长 4 ~ 5 年才可采挖。

八、栽培技术

（一）选地、整地与施肥

1. 育苗地

选择靠近水源、地势较高、土层深厚、土质疏松肥沃、无宿根杂草、无地下害虫、排水良好、稍背阴的砂质壤土或腐殖质壤土为宜。耕地和生荒地均可，黏土地、盐碱地、低洼易涝地不宜选择。忌连作，前茬以玉米、水稻为好。

选好地后，每亩施腐熟的农家肥 3 000 ~ 4 000 kg 及火灰熏土 500 kg；熟地应在前作物收获后，每亩施腐熟的农家肥 3 000 ~ 4 000 kg 和过磷酸钙 50 kg 作为基肥，施后耕翻 20 ~ 25 cm，耙细整平，做成宽 3 ~ 5 m 的高畦，长度因地形而定；畦沟宽 30 cm，四周开好排水沟；山坡地种植多不做畦，顺坡面整平即可。

2. 定植地

选地要求不严，以地势干燥、阳光充足、无宿根杂草及地下害虫、排水良好、土层深厚、富含有机质的砂壤土为好。黏土地、盐碱地、低洼易涝地不宜选择。忌连作。选好地后，结合深耕每亩撒施腐熟的农家肥 3 000 ~ 4 000 kg，过磷酸钙 30 ~ 50 kg，施后深耕 25 ~ 30 cm，耙细整平，做成宽 1.2 ~ 1.5 m 的平畦或高畦，四周开好排水沟，即可播种或栽植。

（二）繁殖方法

党参用种子繁殖，直播和育苗移栽均可，生产上多采用育苗移栽的方式。当年生种子发芽率较高，新种子发芽率高达 80% 以上，贮藏 2 年后发芽率大为降低，甚至丧失发芽能力。10 ℃左右种子即可发芽，18 ~ 20 ℃最为适宜，达到 25 ℃即影响种子发芽出苗。种子颗粒小，顶土力差，播种不宜太深，覆土不宜太厚。

1. 直播

（1）播种期。直播多于春、秋季播种。秋播一般于秋末冬初，土壤上冻之前；春播时间在 3 月下旬至 4 月中旬。秋播比春播出苗早，生长快，抗旱力强。

（2）种子处理。一般春播种子需要处理，而秋播种子不用处理。春播时，选饱满无霉变的种子，播前先将种子放在 40 ~ 45 ℃温水中浸种，至手摸水不热时将种子捞出装入布袋或麻袋中，平铺于 15 ~ 20 ℃的湿沙堆上，进行催芽，每天早晚用 30 ~ 40 ℃温水淋浇 1 次，约经 5 ~ 6 天，大部分种子裂口时即可播种。

（3）播种方法。播种时，在做好的畦内，按行距 20 ~ 30 cm 开深 4 cm、宽 10 cm 左右的沟，然后将种子拌细土或草木灰，均匀播入沟内，覆土 1 cm，稍加镇压。并在畦面上盖一层草帘或薄膜，起到遮阴保温的作用，确保苗齐苗全。亩播种量 0.75 kg 左右。

2. 育苗移栽

（1）播种以 3 月下旬至 4 月中旬为宜。播前种子需要经催芽处理，条播或撒播均可。亩播种量，条播为 1.5 kg 左右，撒播为 2 ~ 2.5 kg。条播时，在做好的畦内，按行距 18 ~ 20 cm 横向开深 3 cm、宽 10 cm 的平底沟，将种子均匀撒入沟内，覆土 0.5 ~ 1 cm，随后略加镇压。并覆盖树枝或稻草、玉米等覆盖物，以保温保湿促进出苗。撒播时，于做好的畦内先浇水，水渗后将种子均匀撒到整个面上，随后覆盖一层薄薄的细土，以盖严种子为度，稍加镇压并加盖覆盖物。若畦内墒足时也可不浇水直接撒种。此外，也可在小麦行间套播党参，或在党参播种后于其畦埂或畦沟内点种玉米，让小麦、玉米为其幼苗遮阴，既有利于党参幼苗生长，还可实现粮药双丰收。

（2）苗期管理。出苗以后，选阴天分批撤除覆盖物。苗高 5 cm 左右时，按苗距 3 ~ 4 cm 进行间定苗。育苗地一般不追肥，但见草就除，出苗期适当控制水分，保持土壤湿润，以利于幼苗的正常生长。苗稍大后少浇水，防止水分过多枝叶徒长。7—8 月高温季节，需要搭棚遮阴，避免阳光直射参苗。雨季还需要及时清沟排水。育苗 1 年后，便可移栽定植。

（3）移栽定植。参苗在育苗地生长 1 年后，于翌年早春土壤刚刚解冻参根萌芽之前，及时进行移栽定植，宜早不宜迟，秋季成活率高。移栽前，将参苗挖起，剔除无芽头及有伤痕、断损病虫的参根，所选参苗按大、中、小分级移栽，随栽随取。若当天栽不完，可埋在湿土中假植。移栽时，于整好的畦内，按行距 20 ~ 30 cm 开深 15 ~ 20 cm 的沟，山坡地应顺坡横向开沟，将参苗按株距 10 cm 左右斜摆于沟内，根头抬起向上，然后覆土并超过根头 4 ~ 6 cm，稍加镇压，及时浇水，以促成活。

（三）田间管理

1. 中耕除草

在春季幼苗出土（苗高 6 ~ 10 cm）并长出 2 片真叶时，开始松土除草。幼苗期除草宜勤，松土宜浅，以免受杂草危害或伤根。封行后停止松土，有大草及时拔除。秋季地上部分枯黄时，及时割除茎蔓，培土。

2. 间苗定苗

直播田于苗高 5 ~ 8 cm 时按苗距 3 ~ 5 cm 进行间苗，苗高 10 ~ 15 cm 时按株距 10 cm 左右进行定苗。

3. 追肥

育苗时一般不追肥。于每年春季出苗后及直播田第一年定苗后，结合中耕除草，亩追施人粪尿肥 1 000 ~ 1 500 kg；封垄前每亩追施硫酸铵 10 kg 和磷酸二铵

5 kg，施后培土。第二次追肥不宜过晚，否则茎枝蔓生，不便操作。

4. 灌排水

直播田苗期要保持土壤湿润，定植田在定植后要及时灌水，以防参苗干枯，保证出苗。幼苗成活后未遇干旱可不灌或少灌，以防参苗徒长。苗高 15 cm 以上时要适当控水，以防茎叶徒长，促进根系深扎。雨季应注意及时排水防涝，以防烂根死苗。

5. 搭架

党参茎蔓长可在 2 m 以上。当苗高 30 cm 时，用竹竿、树枝或玉米秸秆等架设支架，使茎蔓顺架生长，以便田间通风透光，减少病虫害，提高根系与种子的质量和产量。

6. 摘蕾打顶

对于非留参种田，于党参现蕾后要及时将花蕾摘除，减少养分消耗，提高根的质量和产量。参苗长至 70 ~ 80 cm 或现蕾时，在晴天上午摘除参苗顶部或花蕾，防止其徒长。

7. 种子采收

川党参果实在 9—10 月成熟后采收。通常将二年生或三年生、生长健壮、根体粗大、无病虫害的植株留作采种用。在川党参果皮成熟微带红紫色、种子黑色时采收，一般不脱粒，将果实贮藏于通风干燥的晾棚处，不可高温暴晒。

九、病虫害防治

1. 病害

党参的病害主要有锈病、根腐病等。

1）锈病

5—7 月高温多雨潮湿季节发病严重。为害植物的叶、茎、花托部位。叶部病斑呈淡褐色，周围有黄色晕圈，病叶背面隆起有黄色斑点，后期破裂散出橙黄孢子。

防治方法：设立支架，使田间通风透光，调节田间小气候；选择地势高、干燥的地方种植；党参苗枯或收获后，及时清理田园，烧毁地上病枯残叶；发病初期，发现病株立即拔除烧毁，并用 25% 粉锈宁 800 ~ 1 200 倍液或 72% 克露可湿性粉剂 800 倍液或 50% 多菌灵 800 倍液，每隔 7 ~ 10 天喷 1 次，连喷 2 次或 3 次。

2）根腐病

又叫烂根病，主要为害地下须根和侧根，多发于高温高湿多雨的季节，7 月中下旬至 8 月中旬开始发病。发病初期下部须根或侧根出现暗紫色病斑，然后变黑腐烂；病害扩展到主根后，自下而上逐渐腐烂，导致地上部茎叶逐渐变黄，直至植株枯死。

防治方法：实行轮作，忌重茬；播种前精心选种，进行种子消毒，用健壮无病虫害的党参植株作种苗；整地时用石灰进行土壤消毒，选取高畦；多雨季节做好排水防涝工作；及时拔除病株并烧毁，并用石灰粉消毒病穴；发病期用 50% 甲基托布津 2 000 倍液或 50% 多菌灵可湿性粉剂 500 倍液或 50% 退菌特可湿性粉剂 1 500 倍液浇灌。

2. 虫害

党参害虫有蝼蛄、小地老虎、蛴螬、蚜虫、红蜘蛛等。除在侵染率高、为害严重的极端情况下，需要采取一定的化学防治措施之外，一般不施用化学农药。

蛴螬、小地老虎、蝼蛄可用撒毒饵的方法防治。先将 5 kg 饵料（秕谷、麦麸、豆饼、玉米碎粒）炒香，后用 0.1 kg 90% 敌百虫 30 倍液拌匀，适量加水，排潮为度，撒在田间。在无风闷热的傍晚施撒效果最佳。

蚜虫、红蜘蛛用 4.5% 高效氯氟氰菊酯乳油 1 500 ~ 2 000 倍液或每 100 L 水加 25% 噻虫嗪 10 ~ 20 mL（有效浓度 25 ~ 50 mg/L）或吡虫啉、吡蚜酮、抗蚜威等按使用说明进行叶面喷灌。此外，党参具有芳香味，鼠害较严重，可采用毒饵或陷阱诱杀等方法防治。

十、采收及加工

党参必须足年采挖，育苗移栽 1 ~ 2 年后收获，直播的党参一般需要 3 年才能收获。采收期在地上部分枯萎至土壤冻结前，以霜降前后采收品质最佳，采收时先拔除支架，割去茎蔓，再挖取参根，挖根时注意不要伤根，以防浆汁流失。在秋末苗枯死后收获，要仔细深挖，把全根挖出，以免浆汁外溢形成黑疤影响外观和质量。

收获的党参一般按芦下直径分级，等级标准分别为：芦下直径 1.5 cm 以上为一等，芦下直径 1 ~ 1.5 cm 为二等，直径 0.7 ~ 1 cm 为三等，0.7 cm 以下为等外品。把一等、二等两级水洗加工，小的可加工入药，也可留作移栽苗种。党参分级洗净后，应分别加工，以免干湿不均。按粗细、长短分别晾晒至干，用手在木搓板上搓揉后晾晒，反复三四次至干。若遇天气不好，也可放在 60 ℃左右的火炕上炕干，同样要搓揉摊在火炕上反复炕数次至全干。

十一、贮藏养护

置通风干燥处，防蛀。

十二、药材性状

1. 党参

呈长圆柱形，稍弯曲，长 10 ~ 35 cm，直径 0.4 ~ 2 cm。表面灰黄色、黄棕色至灰棕色，根头部有多数疣状突起的茎痕及芽，每个茎痕的顶端呈凹下的圆点状；根头下有致密的环状横纹，向下渐稀疏，有的达全长的一半，栽培品环状横纹少或无；全体有纵皱纹和散在的横长皮孔样突起，支根断落处常有黑褐色胶状物。质稍柔软或稍硬而略带韧性，断面稍平坦，有裂隙或放射状纹理，皮部淡棕黄色至黄棕色，木部淡黄色至黄色。有特殊香气，味微甜。

2. 素花党参（西党参）

长 10 ~ 35 cm，直径 0.5 ~ 2.5 cm。表面黄白色至灰黄色，根头下致密的环状横纹常达全长的一半以上。断面裂隙较多，皮部灰白色至淡棕色。

3. 川党参

长 10 ~ 45 cm，直径 0.5 ~ 2 cm。表面灰黄色至黄棕色，有明显不规则的纵沟。质较软而结实，断面裂隙较少，皮部黄白色。

十三、质量要求

党参质量应符合《中华人民共和国药典》相关规定。

1. 检查

水分不超过 16%（通则 0832 第二法）；总灰分不超过 5%（通则 2302）；二氧化硫残留量照二氧化硫残留量测定法（通则 2331）测定，不超过 400 mg/kg。

2. 浸出物

照醇溶性浸出物测定法（通则 2201）里的热浸法测定，用 45% 乙醇作为溶剂，不得少于 55%。

第八节　金银花栽培技术

一、概述

金银花一名出自《本草纲目》，别名银花、双花、忍冬花、二宝花等。由于忍冬花初开为白色，后转黄色，因此得名“金银花”。《中华人民共和国药典》收载的金银花为忍冬科植物忍冬（*Lonicera japonica* Thunb.）的干燥花蕾或初开的花。为多年生半常绿缠绕小灌木或直立小灌木，花蕾（金银花）和藤（忍冬藤）可入药。金银花味甘，性寒，归肺、心、胃经，具有清热解毒，凉散风热功能，用于痈肿疔疮、喉痹、丹毒、热血毒痢、风热感冒、瘟病发热等症。

金银花为我国常用大宗药材，是我国著名中成药银翘散、双黄连、脉络宁等的主要原料，开发潜力巨大，畅销我国各地，在东南亚市场也很受欢迎。除入药外，金银花还被应用于日用化工、保健制品、饮料等行业，需求量很大。

二、产地分布

中国各省均有分布。金银花野生品种居多，多野生于较湿润的地带，如溪河两岸、湿润山坡灌丛、丛林之中。我国金银花种植区域主要集中在山东、河南、河北、江西、广东等地。在巴东县野生较多，也有少量种植栽培。

三、生物学特性

金银花喜温暖湿润和阳光充足的环境，适应性强，耐寒、耐旱、耐盐碱。对地势、土壤要求不严，山地，平原，丘陵及酸性、碱性的土壤均可生长，但以疏松肥沃、排水良好、偏碱性的砂质壤土为优。金银花是一种长线药材，栽植一次多年收益。一般栽后 2 ~ 3 年即可开花，3 ~ 6 年产花渐多，7 ~ 20 年为盛花期，20 年后趋于衰退，需要更新。

四、生长周期

金银花的生长阶段可分为 6 个时期，即萌芽期、新梢旺长期、现蕾期、开花期、缓慢生长期和越冬期。

1. 萌芽期

植株枝条茎节处出现米粒状绿色芽体，芽体开始明显膨大、伸长，芽尖端松弛，芽第一、二对叶片伸展。

2. 新梢旺长期

日平均气温达 16 ℃后，进入新梢旺长期。新梢叶腋露出花总梗和苞片，花蕾似米粒。

3. 现蕾期

果枝的叶腋随着花总梗伸长，花蕾膨大。

4. 开花期

在黄淮海平原，人工栽培条件下，开花期相对集中，为 5 月中旬至 9 月上旬。花蕾开放 4 次之后，零星开放终止于 9 月中旬。第一次开花：5 月中下旬，花蕾量占整个开花期花蕾总量的 40%。第二次开花：6 月下旬，花蕾量占整个开花期花蕾总量的 30%。第三次开花：7 月末至 8 月初，花量占整个开花期花蕾总量的 20%。第四次开花：9 月上旬，花蕾量占整个开花期花蕾总量的 10%。

5. 缓慢生长期

植株生长缓慢，叶片脱落，不再形成新枝，但枝条茎节处出现绿色芽体，主干茎或主枝分枝处形成大量的越冬芽，此期应为储藏营养回流期。

6. 越冬期

当日平均温度降到 3 ℃后，生长处于极缓慢状态，越冬芽变成红褐色，但部分叶片凛冬不凋。

五、栽培技术

（一）选地、施肥、整地、做畦

育苗地应选择疏松肥沃、灌排方便的砂质壤土。每亩撒施腐熟有机肥 2 000 ~ 3 000 kg、过磷酸钙 30 ~ 50 kg，深翻 25 cm 左右，拣净根茬，打碎土块，耙细整平，做成宽 1 ~ 1.3 m 的平畦或高畦待扦插育苗。

（二）选用优良品种

金银花品种较多，各地都有适合当地栽培的优良品种，如山东主产区重点栽培的有鸡爪花和大毛花品种。鸡爪花发枝多、枝条短、叶较小、花蕾稠密、开花期早，但花蕾较小。大毛花花蕾肥大、枝条较长，但容易相互缠绕，开花期较晚。两品种均产量高、品质好。另外还有后来推广的新品系——灰毡毛忍冬，该品种花蕾大、花多、金黄色、气味清香、质量好、生命力强、耐寒耐旱、茎枝粗壮，不必搭架，便于管理和采花。各地应因地制宜地选用和引进优良品种，这是保证高产优质的遗传基础。

（三）繁殖方法

金银花用种子、扦插、压条等方式均可繁殖，但生产上以枝条扦插繁殖为主。春、夏、秋季均可扦插，春季宜在新芽萌发前，夏、秋季宜在多雨之时。扦插之前，选择一年生或二年生健壮枝条，剪成长 30 cm 左右、具 3 个以上节的插条，摘去下部叶片，然后将插条下端斜面浸蘸 500 mg/L 的吲哚丁酸 5 ~ 10 s，取出稍晾干后即可扦插。于已做好的苗床上按行距 30 cm 挖深 18 ~ 20 cm 的沟，将插条按株距 3 ~

5 cm 斜插入沟内，地上露出 5 cm 左右，埋土压实，随即浇水，插后经常保持土壤湿润。早春扦插育苗后苗床要搭设弓形塑料薄膜棚，以便保温保湿，促进插条及早生根发芽。经半个月左右，插条生根发芽后即可拆除薄膜棚，进行苗期常规管理。将春插的于当年冬季或翌年春季，夏或秋插的于翌年春季移栽定植于已挖好的栽植穴内。

（四）移栽

先深翻土地、耙碎整平、熟化土壤。栽植前后按行距 1.3 ~ 1.5 m、株距 1 ~ 1.2 m，挖宽、深各 30 ~ 40 cm 的穴，薄地宜密，肥地宜稀，每穴施入腐熟土杂肥 4 ~ 5 kg，与底土拌匀即可待栽植。

秋冬季落叶后或早春萌发前，将培育的金银花壮苗定植于已挖好的栽植穴内，每穴 1 株，随后填土压实，浇足定根水，经常保持湿润。

（五）加强田间管理

1. 适时中耕除草与培土

移栽成活后，最初 1 ~ 3 年每年中耕除草 3 次或 4 次。第一次于春季萌芽出叶时，第二次在 6 月，第三次在 7—8 月，第四次在秋末冬初，并结合最后一次中耕除草进行培土，以利越冬。第三年以后，可适当减少中耕除草次数。

2. 适时追肥与灌排水

每年早春土地解冻后、萌芽后、每茬采摘花蕾后和越冬前，结合中耕除草都应进行 1 次追肥。春、夏季每次每亩追施腐熟人畜粪水 3 000 g 或尿素与复合肥各 15 kg 左右，于植株周围 30 ~ 35 cm 处，开深 15 ~ 20 cm 环形沟，将肥料施入沟中，施后覆土盖肥。在植株现蕾后，可喷洒 1 次磷酸二氢钾和尿素混合液，浓度为 0.5%。封冻前施冬肥，每株开环状沟施腐熟的有机肥 5 ~ 10 kg 过磷酸钙 200 g，施后培土盖肥。

每次施肥后和花期遇旱时应及时浇水，雨水多时应及时排水防涝。

3. 科学整形与修剪

整形与修剪是在秋季落叶后到春季发芽前进行，一般是旺枝轻剪，弱枝重剪，枝枝都剪。剪后利于通风透光，这是实现金银花优质高产的关键技术措施之一。栽后第一年当主干高度达 30 ~ 40 cm 时剪去顶梢，促进侧芽萌发成枝。第二年春季萌发后在主干上部选留粗壮枝条 4 个或 5 个作为主枝，分两层着生。在冬季，从主枝上长出的一级分枝中保留 5 对或 6 对芽，剪去上部。以后在二级分枝上再剪留 6 对或 7 对芽。最后使金银花由原来缠绕性生长变为枝条疏朗、分布均匀、通风透光、主干粗壮直立的伞房形灌木状花墩。每年霜降后至封冻前还要进行冬剪，剪除枯老枝、病虫枝、细弱枝及交叉枝等，使养分集中，促进抽生新枝和形成花蕾。每茬采摘花蕾后要进行夏剪，夏剪以轻剪为宜，将靠近根部发出的枝条全部剪除，上部过密的小枝及花枝枝梢也应适当剪去。每次摘去花及修剪后要进行追肥。

六、病虫害防治

1. 病害

1）金银花白粉病

主要为害叶片茎和花，在温暖干燥或植株隐蔽的条件下发病严重；施氮肥过多也易发病。叶片病斑上产生白色小点，然后逐渐扩展成为白色粉状斑，严重时造成叶片发黄，皱缩变形，最后引起落花、落叶、枝条干枯。

防治方法：清园处理病残株；发病初期喷施 50% 甲基托布津 1 000 倍液。

2）枯萎病

叶片不变色而萎蔫下垂，全株青干枯死，一枝干或半边萎蔫干枯，剖开病秆，可见导管变成深褐色。

防治方法：建立无病苗圃；清理园内病残株；移栽时用农抗 120 的 500 倍液灌根，发病初期用农抗 120 的 500 倍液灌根。

2. 虫害

1）蚜虫

幼虫刺吸叶片、嫩枝汁液，为害叶片，造成花蕾和叶片卷曲发黄，花蕾畸形，植株停止生长，导致产量降低。

防治方法：在 4 月初蚜虫为害猖獗时，可选用 10% 蚜虱净可湿性粉剂 5 000 倍液、1.8% 虫螨克 6 000 倍液，每隔 7 ~ 10 天喷药 1 次，连续喷施 2 次或 3 次即可控制。但在采花前 15 ~ 20 天应停止喷药。

2）忍冬细蛾

该虫幼虫潜入叶内，取食叶肉组织，影响植物进行光合作用，导致金银花品质降低、产量减少。

防治方法：重点是在第一、第二代成虫和幼虫前进行防治，可用 25% 灭幼脲 3 号 3 000 倍液喷雾,在各代卵孵盛期用 1.8% 阿维菌素 2 000 ~ 2 500 倍液喷雾。

3）棉铃虫

主要取食金银花蕾，每头棉铃虫幼虫一生可食 10 到上百个花蕾，降低金银花品质，而且花蕾容易脱落，严重影响其产量。该虫每年 4 代，以蛹在 5 ~ 15 cm 土壤内越冬。

防治方法：重点是第一、第二代，在第一代幼虫盛发期前（5 月初），用 Bt 生物农药制剂、氰戊菊酯、千虫克、烟碱苦参碱等防治该虫。

4）铜绿异丽金龟

该虫的幼虫为蛴螬。主要咬食忍冬的根系，造成营养不良、植株衰退或枯萎而死。成虫则以花、叶为食。该虫 1 年 1 代，幼虫越冬。

防治方法：用蛴螬专用型白僵菌 2 ~ 3 kg/ 亩，拌 50 kg 细土，于初春或 7 月中旬开沟埋入根系周围。

七、采收加工

要获得优质的金银花，关键是及时采收和精细加工。

（一）采收

金银花最适宜的采摘标准：花蕾由绿色变白，上白下绿，上部膨胀，尚未开放。采收过早，花蕾尚未充分发育，花蕾发育不完全，有效成分含量少，产量低，品质差；采收过迟，花朵开放后，花粉及香气散失，品质外形差。

金银花采摘的时间性很强，黎明至午前 9 时，采摘花蕾最为适时，此时花蕾养分足、气味浓、颜色好，干燥后呈青绿色或绿白色，色泽鲜艳，折干率高。采蕾时期可为 5 月中下旬一直到 9 月中旬。

采摘金银花使用的盛具必须通风透气，一般使用竹篮或条筐，以防采摘下的花蕾蒸发的水分不易挥发再浸湿花蕾，或温度不易散失而发热发霉变黑等。采摘花蕾应做到：轻摘、轻握、轻放。采收时，应注意不伤花，不带梗，不损伤其他青蕾。

（二）加工

精细加工是保证质量的关键。要边采收边加工，争取当天加工完毕。加工前先清理掉枝叶和杂质。生产上常用的方法有 2 种。

1. 日晒法

用通风透气的竹筐等晾晒可保证质量。将盛花的晒盘南北向放到向阳通风处，摊晒的花蕾在未干前，不要翻动，动辄会变黑，一般当天就可晒干，忌在烈日下暴晒。如当天晒不干，第二天晴天时再继续晒，直到晒干为止。当花蕾用手抓，握之有声，一搓即碎，一折即断，含水率达 5% 左右时，装入塑料袋中储存。

2. 烘干法

将盛花的晒盘一层层放在架上（将鲜花蕾均匀撒在透气晒盘上，厚 1 cm，每平方米可撒 2.5 kg）。初烘时一般温度在 30 ~ 35 ℃，2 h 以后，把温度提高到 40 ℃左右，当鲜花开始排出水气时，可打开一部分排气孔或天窗。入烘房后 5 ~ 10 h，室温应保持 45 ~ 50 ℃，使金银花迅速干燥。要做好上、中、下层及前后层晒盘的调换，以便均匀烘干。整个烘干过程需要 18 ~ 24 h。烘干出房待干品凉透后装入塑料袋中密封储存。

无论是晒干或烘干的，1 ~ 2 天后需要再晒（烘）一遍，除去花心内的水分，使之干透。

金银花以身干、花蕾多、花蕾肥大、上粗下细呈棒状、略弯曲、外表黄色或淡绿色、无枝叶及开放花朵、无杂质、气味清香者为佳。

八、贮藏养护

置阴凉干燥处，防潮，防蛀。

九、药材性状

金银花药材呈棒状，上粗下细，略弯曲，长 2 ~ 3 cm，上部直径约 3 mm，下部直径约 1.5 mm。表面黄白色或绿白色（贮久色渐深），密被短柔毛。偶见叶状苞片。花萼绿色，先端 5 裂，裂片有毛，长约 2 mm。开放者花冠筒状，先端二唇形；雄蕊 5 个，附于筒壁，黄色；雌蕊 1 个，子房无毛。气清香，味淡、微苦。

十、药材质量

金银花质量应符合《中华人民共和国药典》相关规定。

1. 检查

水分不超过 12%（通则 0832 第四法）；总灰分不超过 10%（通则 2302），酸不溶性灰分不超过 3%（通则 2302）；重金属及有害元素照铅、镉、砷、汞、铜测定法（通则 2321 原子吸收分光光度法或电感耦合等离子体质谱法）测定，铅不超过 5 mg/kg，镉不超过 1 mg/kg，砷不超过 2 mg/kg，汞不超过 0.2 mg/kg，铜不超过 20 mg/kg。

2. 含量测定

酚酸类照高效液相色谱法（通则 0512）测定；木犀草苷照高效液相色谱法（通则 0512）测定。

本品按干燥品计算，含木犀草苷（$C_{21}H_{20}O_{11}$）不得少于 0.05%。

第九节　菊花栽培技术

一、概述

菊花是我国常用传统中药材。《中华人民共和国药典》收载的菊花为菊科植物菊（*Chrysanthemum morifolium* Ramat.）的干燥头状花序，别名药菊花、怀菊花、杭白菊等，按产地又分为亳菊、滁菊、贡菊、杭菊、怀菊。菊花味甘、苦，性微寒，归肺、肝经，具有疏风、清热、明目、解毒的功效，是药用和饮用佳品。

二、产地分布

药用菊花主要分布于安徽、浙江、河南、湖北、四川、山东、江西、贵州、江苏等省，在巴东县有一定规模的栽培。

三、植物形态特征

菊花为多年生草本，株高 50 ~ 140 cm，全体密被白色绒毛。叶互生，卵形或卵状披针形，边缘通常羽状深裂。花顶生或腋生。

四、生物学特性

菊花为多年生草本植物，喜阳光充足、温暖湿润的气候，能耐寒，但不耐旱，忌水涝。幼苗发育至孕蕾前需要气温较高的长日照天气，植株生长快，发育好。孕蕾至开花则需要短日照。菊花能耐轻微的霜冻，冬天地上部分枯萎，宿根可以在长江以北安全露地越冬。菊花忌荫蔽、怕干旱，缺水则生长缓慢，开花少，质量差。菊花忌连作，忌土壤水分过多，长期积水易烂根死苗。菊花早春出苗，8 月以前为营养生长期，9 月日照时数缩短，陆续现蕾，花期 10—11 月。

五、栽培技术

（一）选地整地

1. 育苗地的选地整地

育苗地应选择地势平坦、土层深厚、疏松肥沃和灌溉方便的地块。于头年秋冬季深翻土地，使其风化疏松。在翌年春季进行扦插繁殖前，结合整地施足基肥，浅耕一遍，然后做成宽 120 cm、高 30 cm、深 20 cm，长视地形而定的苗床，床面呈瓦背形，四周开好大小排水沟。

2. 栽植地的选地整地

栽植地宜选择地势高、阳光充足、土质疏松、排水良好的壤土或砂质壤土。于前作收获后，翻耕土壤 25 cm 左右，结合整地每亩施入腐熟圈肥或堆肥

4 000 ~ 5 000 kg，翻入土内作基肥。然后整细耙平作成宽 120 cm 的高畦，畦沟宽 30 cm、深 20 cm，畦面呈瓦背形，四周搞好排水沟，以利排水。

（二）繁殖方法

有扦插、分株、压条三种繁殖方法，生产上多采用扦插繁殖。一般谷雨前后，从越冬宿根发出的新苗中剪取枝条，选择发育充实、健壮无病虫害的茎枝作插条，去掉嫩茎，将其截成 10 ~ 15 cm 的小段，留有 4 ~ 6 片叶子的插条，下端近节处，削成马耳形斜面。先用水浸湿，快速在 1 500 ~ 3 000 ppm 吲哚乙酸溶液中浸蘸一下，取出晾干后立即进行扦插。扦插时在整好的苗床上按株行距 8 cm × 10 cm 划线打引孔，将插条斜插入孔内。插条入土深度为穗长的 1/2 ~ 2/3，插后用手压实并浇水湿润。芒种前后，再从第一次扦插获得的新株上剪枝条进行第二次扦插，苗龄 30 ~ 35 天，然后移植大田。插后 20 天即生根成活，当苗高 20 cm 左右时，即可出圃定植。

扦插后，在苗床上应搭建 40 cm 高的荫棚用以白天遮阳。晴天上午 8—9 时和下午 4—5 时遮阴，晚上和阴雨天撤去遮阴物。育苗期间要保持苗床土壤湿润，浇水宜喷淋。约 15 天后待插枝生根后即可拆去荫棚，以利壮苗。随后浇一次腐熟人畜粪水，并注意及时松土除草和浇水。

移栽切勿在雨天进行，雨天移栽容易死苗。

（三）田间管理

1. 施肥

菊花根系发达，为喜肥作物。移栽前期，要控制水肥，使地上部分生长缓慢，否则，枝叶过于茂盛，易发病虫害。中后期追肥，可促进后期发棵、花枝多、结蕾多、产量高。一般追肥 3 次。第一次移栽幼苗成活开始生长时，每亩施清淡人畜粪水 1 000 kg 或尿素 1 kg；第二次植株开始分株时每亩施腐熟人畜粪水 1 500 ~ 2 000 kg 或腐熟菜饼 50 kg，促进菊苗生长，多分花枝；第三次在寒露前后，即菊刚现蕾时，重施 1 次腐熟人畜粪水 1 500 ~ 2 000 kg 及过磷酸钙 25 ~ 30 kg，促进多结蕾开花。

2. 中耕除草

雨后转晴，土壤板结，杂草丛生时应及时松土除草。宜浅松表土 3 ~ 4 cm，避免伤根。在第一次中耕时，应把苗补齐，同时培土，防止倒伏。

3. 摘心打顶

为了促进菊花多分枝、多孕蕾开花和主杆生长粗壮，当苗高 20 cm 左右时进行第一次摘心，即选晴天摘去顶心 1 ~ 2 cm，以后每隔半个月摘心 1 次，共 3 次。在大暑后必须停止，否则分枝过多，花朵变得细小，影响菊花产量和质量。

4. 搭架

菊花茎秆高而多，可搭架，将菊茎秆系于支架上，菊茎不倒伏而通风，促使花多而大。

5. 病虫害防治

1）霜霉病

常为害叶片和嫩茎。多发生在 4—5 月，在低温多雨的条件下，传播很快，为害严重。

防治方法：避免连作，选择壮植株作种苗，清理菊园的残枝枯叶；梅雨季节，及时排水。栽种时用 50% 的多菌灵 800 倍液浸苗 5 ~ 10 min 后栽种。发病期用 50% 的多菌灵 1 000 ~ 1 500 倍液，或用 50% 甲基硫菌灵 800 ~ 1 000 倍液喷洒。

2）叶枯病

4—11 月湿度大通风不良的情况下易发生。

防治方法：与农业防治霜霉病相同。发现病株及时摘除病叶烧毁，再喷 1 : 100 波尔多液或 65% 代森铵 500 倍液，每隔 7 ~ 10 天喷 1 次，连续喷 3 ~ 4 次。若以 50% 的多菌灵 800 ~ 1 000 倍液喷洒防治，效果优于波尔多液和代森铵。

3）萎蔫病

由真菌中的半知菌引起。菌丝和孢子在土壤或病株残体越冬，通过土壤传播，主要为害根和茎部。

防治方法：与农业防治霜霉病相同。药物防治可用 1 : 200 倍的甲醛浸苗 5 min，浸后冲洗再栽。

4）蚜虫

为害叶片、嫩茎、花冠等，刺吸液汁使嫩梢蜷缩、枯萎，造成植株生长不良。

防治方法：菊花收获后，清除残枝落叶及地边杂草，集中烧毁，消灭越冬虫。可用 10% 敌虫菊酯乳剂 1 000 倍液喷雾。

5）菊天牛

为害茎梢。

防治方法：发现菊花茎梢枯萎时，将断茎以上 3 ~ 5 cm 处摘除，集中处理。5—7 月在早晨露未干时，在菊花植株捕杀成虫。

6）叶蝉

俗称“跳虫”，刺吸为害，使菊花叶片变黄，生长衰弱，产量降低，并传播病毒病害。

防治方法：可用 25% 的速灭威或 20% 的叶蝉散 800 ~ 1 000 倍液喷雾。

地下害虫主要有蛴螬、小地老虎，用常规方法杀灭。

六、采收及加工

（一）采收

菊花的采收适宜期为 11 月霜降至立冬。一般以管状花（花心）散开 2/3 时采收为宜。因产地或品种不同，各地菊花采收时期和方法略有不同。

浙江和江苏一带产区的杭菊开花有先后，一天中展瓣的时间也迟早不同，因此，要分期分批采收。采摘适期的标准：花瓣平直，有 80% 的花心散开，花色洁白。通常在晴天露水干后或午后采摘，不采露水花，以免露水流入瓣内不易干燥而引起腐烂。如遇早霜，则花色泛紫，加工后等级下降。一般分 3 期采摘：种植当年 11 月上旬采摘头花，占总产量的 50% ~ 60%；二花须隔 5 ~ 7 天采摘，约占产量的 30%；再过 7 天左右采收三花。若天气预报要连续下雨，而采花期已到，则要抢在雨前采一批，以免损失。采摘时要做到边采边分级，大小花朵分开。

安徽和河南等较北产区的亳菊和怀菊等菊花的采收时间则较为集中。一般当一块田里花蕾基本开齐、花瓣普遍洁白时，即可收获。采收时在花枝分杈处将枝条折断，随手将花枝扎成小把后带回加工地。

（二）加工

菊花品种繁多，各地加工方法不一。白菊花系将花枝折下，捆成小把，倒挂阴干，然后剪下头状花序；贡菊花系摘下头状花序后，用炭火炕干；杭菊花系摘下头状花序，上蒸笼蒸过，晒干。

菊花加工方法有以下几种。

1. 蒸晒法

杭菊多采用蒸晒法。该方法虽简单，但技术性较强，稍有疏忽就会影响药材品质。

1）上笼

采摘后及时将黄白色好花与烂花分开，并拣去杂质，摊晾半天，散去花头表面水分后，放入小蒸笼内，花心向上，厚度一般以 4 朵花、厚 3 ~ 4 cm 为宜。

2）蒸花

将蒸笼放入盛有水的铁锅上，先把锅中水烧开，然后放上蒸笼，一锅一笼，蒸花时火力要猛而均匀。锅内盛水不宜过多，以防沸水上溢浸湿花朵（形成“浦汤花”，影响质量），可在锅内放 4 双或 5 双竹筷，笼内温度保持 90 ℃左右。蒸一次花，加一次水，蒸 4 ~ 5 min，时间不要过长，否则花太熟，会产生“湿腐状”，不宜晒干，而且花色发黄；蒸的时间过短，则出现“生花”，刚出笼的花瓣不贴伏，颜色灰白，经风一吹，则成红褐色。过熟、过生，质量都差。

3）晒花

蒸后的菊花立即倒在苇席上或竹帘上晾晒，保持色泽清白，形状完整。日晒 1 ~ 2 天后翻花一次，3 ~ 5 天后至七成干时置通风的室内摊晾。菊花上面不要压其他东西，以免影响质量。经一周再晒，如发现有潮块，要拣出复晒。晒花时要注意防尘和意外损失。

2. 烘干法

将鲜花序剪下，摊在席上或晒盘上，厚约 3 cm，放在烘房架上，先用 45 ~ 50 ℃烘 12 h，再提高到 60 ℃左右烘 12 h。

以上 2 种方法，以烘干法最好，干得快，损耗少，质量好，出干率高，出干率约为 20%。

七、贮藏养护

菊花贮于阴凉、干燥、避光处，温度 30 ℃以下，相对湿度 65% ~ 70%，商品安全水分 10% ~ 14%。

本品含挥发油，易虫蛀、发霉、变色，散味，保管不当可发生自燃。受潮品颜色变暗，香气散失，花序结团，甚至粘焦、霉腐。

储藏期间，应先进早出，不宜久贮。定期检查，防止受潮；货垛发热，迅速倒垛摊晾。高温高湿季节，可小件密封，置生石灰、木炭、无水氯化钙等吸潮。发现轻度霉变、虫蛀，及时晾晒。有条件的地方，最好置低温仓库保藏，或抽氧充氮养护。

八、药材性状

1. 亳菊

呈倒圆锥形或圆筒形，有时稍压扁呈扇形，直径 1.5 ~ 3 cm，离散。总苞碟状；总苞片 3 层或 4 层，卵形或椭圆形，草质，黄绿色或褐绿色，外面被柔毛，边缘膜质。花托半球形，无托片或托毛。舌状花数层，雌性，位于外围，类白色，劲直，上举，纵向折缩，散生金黄色腺点；管状花多数，两性，位于中央，为舌状花所隐藏，黄色，顶端 5 齿裂。瘦果不发育，无冠毛。体轻，质柔润，干时松脆。气清香，味甘、微苦。

2. 滁菊

呈不规则球形或扁球形，直径 1.5 ~ 2.5 cm。舌状花类白色，不规则扭曲，内卷，边缘皱缩，有时可见淡褐色腺点；管状花大多隐藏。

3. 贡菊

呈扁球形或不规则球形，直径 1.5 ~ 2.5 cm。舌状花白色或类白色，斜升，上部反折，边缘稍内卷而皱缩，通常无腺点。管状花少，外露。

4. 杭菊

呈碟形或扁球形，直径 2.5 ~ 4 cm，常数个相连成片。舌状花类白色或黄色，平展或微折叠，彼此粘连，通常无腺点。管状花多数，外露。

5. 怀菊

呈不规则球形或扁球形，直径 1.5 ~ 2.5 cm。多数为舌状花，舌状花类白色或黄色，不规则扭曲，内卷，边缘皱缩，有时可见腺点。管状花大多隐藏。

九、质量要求

菊花药材的质量要求是花朵完整、身干、颜色鲜艳、气味清香、无梗叶和随瓣、无霉变。菊花质量应符合《中华人民共和国药典》相关规定。

1. 检查

水分不超过 15%（通则 0832 第二法）。

2. 含量测定

照高效液相色谱法（通则 0512）测定。

本品按干燥品计算，含绿原酸（$C_{16}H_{18}O_9$）不得少于 0.2%；含木犀草苷（$C_{21}H_{20}O_{11}$）不得少于 0.08%；含 3,5-O- 二咖啡酰基奎宁酸（$C_{25}H_{24}O_{12}$）不得少于 0.7%。

第十节　黄精栽培技术

一、概述

《中华人民共和国药典》收载的黄精为百合科植物滇黄精（*Polygonatum kingianum* Coll. Et Hemsl）、黄精（*Polygonatum sibiricum* Red.）或多花黄精（*Polygonatum cyrtonema* Hua）的干燥根茎。按形状不同，习称“大黄精”“鸡头黄精”“姜形黄精”。春、秋二季采挖，除去须根，洗净，置沸水中略烫或蒸至透心，使其干燥。

黄精味甘，性平，归脾、肺、肾经，可补气养阴、健脾、润肺、益肾，用于脾胃气虚、体倦乏力、胃阴不足、口干食少、肺虚燥咳、劳嗽咯血、精血不足、腰膝酸软、须发早白、内热消渴等症。

二、产地分布

黄精资源分布广泛。主要分布于黑龙江、吉林、辽宁、河北、山东、江苏、河南、山西、陕西、内蒙古、宁夏、甘肃。主产于河北遵化、迁安、承德和内蒙古武川、卓资、凉城。

滇黄精主要分布于云南、贵州、四川、广西。主产于贵州罗甸、兴义、贞丰、关岭，云南曲靖、大姚，广西靖西、德保、隆林、乐业。

多花黄精主要分布于贵州、四川、广西、广东、湖南、湖北、福建、江西、浙江、安徽、江苏、河南、山东。主产于贵州遵义、毕节、安顺，湖南安化、沅陵、熙阳，湖北黄冈、孝感。在恩施巴东县种植有一定数量的黄精。

三、植物形态特征

1. 滇黄精

为多年生草本。根茎肥大，略呈块状或结节状膨大，直径 1 ~ 3 cm，茎高 1 ~ 3 m，顶端常作缠绕状。叶轮生，无柄，每轮通常 4 ~ 8 叶，叶片线形至线状披针形，先端渐尖并拳卷。花腋生，下垂，通常 2 ~ 4 朵成短聚伞花序，花梗基部有膜质小苞片，花被筒状，通常粉红色，全长 18 ~ 25 mm，雄蕊着生在花被管 1/2 以上处，花柱长 10 ~ 14 mm，为子房长的 2 倍多。浆果球形，成熟时红色。

2. 黄精

多年生草本，高 50 ~ 90 cm，偶可达 1 m。根茎横走，圆柱状，由于结节膨大，所以节间一头粗、一头细，粗的一头直径可达 2.5 cm。肉质，淡黄色，先端有时突出似鸡头状。茎直立，上部稍呈攀缘状。叶轮生，无柄，每轮 4 ~ 6 叶，线状披针形，先端渐尖并拳卷，花腋生，下垂，2 ~ 4 朵集成伞形花丛，花被筒状，白色至淡黄色全长 9 ~ 13 mm，裂片 6 个，披针形，雄蕊着生在花被筒 1/2 以上处，花柱长为子房的 1.5 ~ 2 倍。浆果球形，成熟时紫黑色。

3. 多花黄精

为多年生草本。根茎横走，肥厚，通常稍带结节状或连珠状，直径 1.2 ~ 2 cm，茎高 40 ~ 100 cm。上部稍外倾，通常具叶 10 ~ 15 片。叶互生，无柄或几无柄；叶片椭圆形，卵状披针形；上面绿色，下面灰绿色，具 3 ~ 5 条隆起的平行叶脉。花腋生，花被筒状，淡黄色至绿白色，全长 18 ~ 25 mm，顶端具 6 裂片，裂片三角状卵形，雄蕊 6 个；子房近球形，浆果熟时呈红色或紫红色。

四、生态环境

黄精在海拔 800 ~ 2 800 m 的区域均能生长，多见于阴湿的山地灌木丛中及林缘草丛中，在肥沃的砂质壤土生长。

五、生物学特性

黄精的适应性很强，能耐寒冬，喜阴湿，耐寒性强，在干燥地区生长不良，在湿润阴凉的环境生长良好，生长环境选择性强，喜生于土壤肥沃、表层水分充足、上层透光性强的林缘、草丛或林下开阔地带；在黏重，土薄、干旱、积水、低洼、石子多的地方不宜种植。

黄精种子呈圆珠形，种子坚硬，种脐明显，呈深褐色，千粒重 33 g 左右。室温干燥贮藏的种子发芽率低，低温沙藏和冷冻沙藏的种子发芽率高，有利于种胚发育，打破种子休眠，缩短发芽时间，发芽整齐。种子适宜发芽温度 25 ~ 27 ℃，在常温下干燥贮藏发芽率 62%，拌湿沙在 1 ~ 7 ℃下贮藏发芽率高达 96%。所以黄精种子必须经过处理后，才能用于播种。

滇黄精花期 3—5 月，果期 9—10 月；黄精花期 5—6 月；果期 7—9 月；多花黄精花期 4—6 月，果期 6—10 月。

六、生长习性

黄精适宜阴湿气候条件，具有喜阴、怕旱、怕涝、耐寒的特性。

七、栽培技术

（一）选地整地

选择湿润荫蔽条件的地块，无积水、盐碱影响，土壤以质地疏松、保水力好的壤土或砂质壤土为宜。于播前进行土壤耕翻，耙细整平，做畦待栽。一般畦面宽 1 ~ 1.2 m，畦高 10 ~ 15 cm，在畦内施足优质腐熟农家肥，四周开好排水沟。

（二）繁殖方法

1. 根状茎繁殖

在地上植株枯萎后的晚秋或早春根茎萌动前的 3 月下旬前后，挖取地下根茎，选择中等大小、具有顶芽（肥大饱满、无病伤）的先端幼嫩部分，截成数段，每段有三四节，伤口稍加晾干，按行距 22 ~ 26 cm，株距 10 ~ 16 cm，深 5 cm 种植于整好的畦内，将顶芽朝上，斜向一方平放于畦沟内，覆土 5 ~ 7 cm，稍加镇压后浇水，以后每隔 3 ~ 5 天浇水 1 次，使土壤保持湿润。于秋末种植的，应在上冻后盖一些牲畜粪或圈肥，以利保暖越冬；第二年如春化冻后，将粪块打碎，耙平，出苗前保持壤湿润。

2. 种子繁殖

选择生长健壮、无病虫害的二年生植株留种。秋季浆果变黑成熟后采集种子，立即进行沙藏处理：种子 1 份、砂土 3 份混合均匀，置背阴处 30 cm 深的坑，保持湿润，砂的湿度以手握成团，落地即散，不滴水合适；待第二年 3 月下旬筛出种子，按行距 12 ~ 15 cm 均匀撒播到畦面的浅沟内，盖土约 1.5 cm，稍压，浇水，盖一层草。出苗前去掉盖草，苗高 6 ~ 9 cm 时，过密处可适当间苗，1 年后移栽。为满足黄精需要荫蔽的生长习性，可在畦埂上种植玉米等矮秆作物。

（三）田间管理

1. 中耕除草

在黄精植株生长期间要经常进行中耕锄草，但每次宜浅、淡锄，以免损伤根部，促使植株健壮生长。中后期一般不中耕，发现大草及时人工拔除。

2. 合理追肥

每年结合中耕进行追肥，每次施人畜优质腐熟肥 1 000 ~ 1 500 kg/ 亩，每年冬季前再次施入优质腐熟农家肥 1 200 ~ 1 500 kg/ 亩，并混入过磷酸 50 kg、饼肥 50 kg，混合均匀后沟施，然后浇水，加速竹节参根部的形成与成长。

3. 及时遮阴

黄精田园栽培必须要有遮阴条件，可利用田间空闲空间，在黄精出苗前后，在畦沟或田埂上及时套种玉米等矮秆经济作物，用来给黄精遮阴。

4. 适时排灌

黄精喜湿怕干旱，田间要经常保持湿润状态，遇干旱气候应及时浇水，但是雨季又要防止积水，及时排涝，以免导致根部腐烂。

5. 摘除花蕾

黄精的花果期持续时间较长，并且每一茎枝节腋生多朵伞形花序和果实，致使消耗大量的营养成分，影响根茎生长。为此，要在花蕾形成前及时将花芽摘去，以促进养分集中转移到根茎部，利于药材质量和产量的提高。

八、病虫害防治

1. 病害

黑斑病为黄精主要病害，病原为真菌中的一种半知菌，为害叶片，发病初期，叶片从叶尖出现椭圆形或不规则形，外缘有棕褐色、中间淡白色病斑，病健部交界处有紫红色边缘；病斑向下蔓延，叶片枯焦而死，雨季则更严重。病部叶片枯黄。

防治方法：收获时清园，将枯枝病残体集中烧毁；发病前及发病初期喷 1∶1∶100 倍波尔多液或用 50% 甲基硫菌灵 1 000 倍液喷雾，每 7 ~ 10 天喷 1 次，连续防治 3 次或 4 次。

防治白绢病、立枯病可用 5% 石灰水或将病株带土移出烧毁，并在病株四周撒石灰粉消毒或使用井冈霉素；井冈 · 嘧苷素按使用说明防治。每 7 ~ 10 天施药 1 次，连续数次。

2. 虫害

1）蛴螬

虫害为幼虫，咬断幼苗或嚼食苗根，造成断苗或根部空洞，为害严重。

防治方法：种植前土地深翻，可将幼虫、成虫翻到地表，使其冻死、风干或被天敌捕食、机械杀伤等，可消灭部分越冬的幼虫和成虫；施充分腐熟的有机肥，用塑料薄膜覆盖、堆闷，高温杀死肥料中的害虫，避免施用未腐熟的有机肥，以免招引成虫产卵和减少幼虫带入大田；有条件的地区可进行水旱轮作。在成虫盛发期，利用金龟子的假死性和趋光性，进行人工捕捉，震落捕杀，或用杀虫灯诱杀。药剂诱杀：以敌百虫粉剂与炒香的菜籽饼拌匀制成毒饵，撒施行间诱杀。药剂防治：日落以后，用5%高效氯氟氰菊酯20 mL兑水15 kg地表及茎基喷灌，每亩水量不低于45 kg；若土壤干燥则不宜使用。

2）小地老虎

为害幼苗及根状茎。

防治方法：清洁田园，铲除地边、田埂和路边的杂草；实行秋耕冬灌、春耕耙地，结合整地人工铲埂等，可杀灭虫卵、幼虫和蛹。种植诱集植物，利用小地老虎喜在芝麻幼苗上产卵的习性，种植芝麻诱集产卵植物带，引诱成虫产卵，在卵孵化初期铲除并携出田外集中销毁，如需要保留诱集用芝麻，在3日龄前喷洒90%敌百虫结晶1 000倍液防治。泡桐叶诱杀：针对小地老虎喜爱泡桐叶气味这一习性，将采集的新鲜泡桐叶用清水浸泡20～30 min后，于傍晚放入田中，每亩放60～80片叶，次日清晨可将聚集在泡桐叶上的小地老虎幼虫捕捉灭杀。药剂诱杀和药剂防治方法同蛴螬。

九、采收及加工

1. 采收

黄精春、秋两季均可采收，秋末冬初采收的根状茎肥壮而饱满，质量最佳。根茎繁殖的于栽后2～3年采挖，种子繁殖的于栽后3～4年采挖。秋季在茎叶枯萎变黄后，春季在根茎萌动发芽前采收。

2. 加工

采挖后，去掉茎叶，洗净泥沙，除去须根，如较大者可酌情分为 2 节或 3 节，置蒸笼或木甑中蒸约 12 h，至呈现油润时方取出晒干或烘干（无烟、微火）；或置水中煮沸后，捞出晒干或烘干，以蒸法加工为最好。

十、贮藏养护

黄精一般用麻袋包装，贮存于通风干燥处。商品安全水分为 11% ~ 15%，易吸潮发霉、泛油、虫蛀。吸潮泛油品表面颜色加深，质返软，断面呈油样物。熟黄精霉变品，散酒酸味，如质脆干枯，手折易裂，即变质。为害的仓虫有拟脊胸露尾甲、锯谷盗、小蕈甲、印度谷螟等。

储藏期间，应定期检查，高温高湿季节，换装入内衬防潮纸的木箱或缸内保藏。发现轻度霉变、虫蛀，及时晾晒，或热蒸 1 ~ 2 h 后晒干；虫蛀严重时，用磷化铝熏杀。有条件的地方，可抽氧密封保护。

十一、药材性状

黄精商品按其性状不同，习称“大黄精”“鸡头黄精”“姜形黄精”。

1. 大黄精

呈肥厚肉质的结节块状，结节可长达 10 cm，宽 3 ~ 6 cm，厚 2 ~ 3 cm。表面淡黄色至黄棕色，具环节，有皱纹及须根痕，结节上侧茎痕呈圆盘状，圆周凹入，中部突出。质硬而韧，不易折断，断面角质，淡黄色至黄棕色。气微，味甜，嚼之有黏性。

2. 鸡头黄精

呈结节状弯柱形，长 3 ~ 10 cm，直径 0.5 ~ 1.5 cm。结节长 2 ~ 4 cm，略呈圆锥形，常有分枝。表面黄白色或灰黄色，半透明，有纵皱纹，茎痕圆形，直径 5 ~ 8 mm。

3. 姜形黄精

呈长条结节块状，长短不等，常数个块状结节相连。表面灰黄色或黄褐色，粗糙,结节上侧有突出的圆盘状茎痕,直径 0.8 ~ 1.5 cm。味苦者不可药用。以块大、色黄、断面透明状、质润泽、味甜，习称“冰糖渣”者为佳。

十二、质量要求

黄精质量应符合《中华人民共和国药典》相关规定。

1. 检查

水分不超过 18%（通则 0832 第四法）。总灰分取本品，于 80 ℃环境干燥 6 h，粉碎后测定，不超过 4%（通则 2302）。重金属及有害元素照铅、镉、砷、汞、铜测定法（通则 2321 原子吸收分光光度法或电感耦合等离子体质谱法）测定，铅不超过 5 mg/kg，镉不超过 1 mg/kg，砷不超过 2 mg/kg，汞不超过 0.2 mg/kg，铜不超过 20 mg/kg。

2. 浸出物

照醇溶性浸出物测定法（通则 2201）项下的热浸法测定，用稀乙醇作溶剂，不得少于 45%。

本品按干燥品计算，含黄精多糖以无水葡萄糖（$C_6H_{12}O_6$）计，不得少于 7%。

第十一节　续断栽培技术

一、概述

《中华人民共和国药典》收载的续断为川续断科植物川续断（*Dipsacus asper* Wall. ex Henry）的干燥根。秋季采挖，除去根头和须根，用微火烘至半干，堆置发汗至内部变绿色时，再烘干。续断味辛、苦，性微温，归肝、肾经，可补肝肾、强筋骨、续折伤、止崩漏，用于腰膝酸软、风湿痹痛、崩漏经多、胎漏下血、跌打损伤等症。

二、产地分布

分布于四川、湖北、湖南、贵州等地。其中四川省西昌、德昌、会东、会理、昭觉等市县，湖北省利川的元堡乡、柏杨坝镇、汪营镇等地主产，在巴东县野生较多，遍布于丛林草丛中。

三、植物形态特征

多年生草本。主根1或数条，并生。茎具6~8棱，棱上有疏弱刺毛。基生叶有长柄，叶片羽状深裂，先端裂片较大；茎生叶对生，有短柄至无柄。头状花序圆形,花冠白色。果实苞片顶端有刺状长喙,小总苞四棱倒卵形,瘦果顶端外露。

四、生态环境

多野生于1 000 m以上的山坡灌丛或草丛中。分布于南北各省份，但海南省未发现。

五、生物学特性

多年生草本，高50~100 cm，茎直立，具棱和浅槽，密被白毛；棱上有较粗糙的刺毛，叶对生，基生叶多为3~5羽状分裂，中央裂片最大，茎梢的叶较小，3裂，叶缘有粗锯齿，两面密被白色伏柔毛，背面叶脉常有刺毛，头状花序球形或广椭圆形，总苞片数枚，线形，每花外有一倒卵形苞片，花萼浅盘状，具4齿，花冠红紫色，4浅裂，雄蕊4个，雌蕊1个，子房下位，瘦果楔状长圆形，具4棱，淡褐色，花萼宿存。花期8—9月，果期9—10月。

六、生长习性

野生于山野林缘、路旁、山坡地。喜较凉爽和湿润的气候，耐寒。一般土壤均可种植，但涝洼地不宜种植。忌高温和连作。

七、生长周期

2~3年。

八、栽培技术

（一）选地与整地

宜选土层深厚、肥沃、疏松的砂质壤土或腐殖质土为好。每亩施圈肥 1 500 ~ 2 000 kg，均匀撒在地里，深耙 25 ~ 30 cm。耙细整平，做宽 1.2 m 的畦，四周挖排水沟。

（二）繁殖方法

用种子和分株繁殖，以种子繁殖为主。

1. 种子繁殖

（1）采种。于 9—10 月选健壮无病虫害的植株，果球呈黄绿色时及时采收（主茎上的种子先熟先收，侧枝上后熟后收），防止脱落，把整个果球剪下，晒干，抖出种子，簸去杂质，贮藏备用。

（2）浸种。播种前将种子置于 45 ~ 55 ℃的温水中浸泡 10 ~ 12 h，捞出后摊放于室内或置盆内并用湿布盖严，进行催芽，每天浇水 1 次或 2 次，待种子裂口或萌动时即可播种。

（3）播种。春播或秋播均可。春播在 3 月下旬至 4 月上旬，秋播于 9 月至 10 月下旬。条播按行距 20 ~ 30 cm 开沟，深 1.5 ~ 2 cm，把种子均匀撒入沟内，覆土稍加镇压，浇水。保持土壤湿润，播后 10 ~ 15 天出苗。每亩播种量为 2 kg。

2. 分株繁殖

秋季挖川续断时，粗根切下留作药用，留下幼芽的根头及细根，将其分割成 3 ~ 5 个小根块，按行株距 35 cm × 25 cm 栽种，栽时根头朝上，覆土后及时浇水。分株繁殖，种苗数量少，费工，所产的根粗细不一，只有在缺乏种苗时可以采用。

（三）田间管理

1. 间苗

幼苗高 3 ~ 5 cm 时，拔除细弱及过密的苗；7 ~ 10 cm 时按株距 15 cm 左右定苗。多余的苗，除补栽缺苗外，亦可移栽。

2. 中耕除草

春播，开春后易滋生杂草，结合间苗、定苗进行中耕除草，幼苗细小，中耕宜浅，注意勿伤根和叶片；于6—7月再进行2次松土除草操作。

3. 追肥

追肥2次或3次，定苗后每亩追施稀薄人畜粪水1 000 kg，施后浇水；6—7月，每亩追施硫酸铵10 kg；每年返青前，每亩施厩肥3 000 kg，于行间开沟施入。

4. 摘花蕾

移栽的续断在7—8月陆续抽薹开花，除留种植株外，应及时割除花蕾及生长旺盛的部分植株叶片，促使养分集中于地下根茎，使其增大。

九、病虫害防治

病害为根腐病，高温高湿季节容易发生。发病时根中下部出现黄褐色锈斑，以后逐渐干枯腐烂，植株死亡。

防治方法：发病初期用50%甲基硫菌灵1 000倍液喷雾，每15天喷1次，连续3次或4次。

防治白绢病、立枯病可用5%石灰水防治或将病株带土移出烧毁，并在病株四周撒石灰粉消毒或使用井冈霉素；可用井冈·嘧苷素并按使用说明防治。

虫害有蚜虫为害幼嫩茎叶，影响植株健康生长及开花结籽。

防治方法：发现有虫害时用4.5%高效氟氯氰菊酯乳油1 500～2 000倍液或每100 L水加25%噻虫嗪10～20 mL（有效浓度25～50 mg/L）或吡虫啉、吡蚜酮、抗蚜威等按使用说明进行叶面喷洒。

十、采收加工

川续断以根入药。春播的在第二年收获，秋播的在第三年收获。秋季倒苗后，挖出根部，除去根头及须根，用微火烘至半干，堆起来令其发汗，至内部变绿色时，再烘干，切薄片用。亦有直接晒干的，其肉近白色，质不如前者。

十一、贮藏养护

置干燥通风处，防霉防蛀。

十二、药材性状

本品呈圆柱形，略扁，有的微弯曲，长 5 ~ 15 cm，直径 0.5 ~ 2 cm。表面灰褐色或黄褐色，有稍扭曲或明显扭曲的纵皱及沟纹，可见横列的皮孔样斑痕和少数须根痕。质软，久置后变硬，易折断，断面不平坦，皮部墨绿色或棕色，外缘褐色或淡褐色，木部黄褐色，导管束呈放射状排列。气微香，味苦、微甜而后涩。

十三、质量要求

续断质量应符合《中华人民共和国药典》相关规定。

1. 检查

水分不超过 10%（通则 0832 第二法）；总灰分不超过 12%（通则 2302），酸不溶性灰分不超过 3%（通则 2302）。

2. 浸出物

照水溶性浸出物测定法（通则 2201）项下的热浸法测定，水溶性浸出物不得少于 45%。

本品按干燥品计算，含川续断皂苷Ⅵ（$C_{47}H_{76}O_{18}$）不得少于 2%。

第十二节　竹节参栽培技术

一、概述

《中华人民共和国药典》收载的竹节参为五加科植物竹节参（*Panax japonicus* C. A . Mey.）的干燥根茎。秋季采挖，除去主根和外皮后，干燥。其根状茎称竹节参，块根称明七或白三七，叶称七叶子，别名竹节三七、竹节人参、罗汉三七等。

竹节参活性成分是竹节参皂苷、人参皂苷、三七皂苷，兼具北药人参补益和南药三七活血消肿的双重功效，具有散瘀止血、消肿止痛、祛痰止咳、补虚强壮等功效，用于痨嗽咯血、跌扑损伤、咳嗽痰多、病后虚弱等症。由于其兼具人参和三七的部分功效，被土家族、苗族等少数民族誉为“草药之王”。现代药理学研究表明，竹节参对心血管系统、免疫系统、中枢神经系统、消化系统等具有有效的保护作用。

二、产地分布

野生竹节参生于高山灌丛阴湿地或岩石沟旁。主要分布于我国东北地区和云南、贵州、四川、陕西、甘肃、安徽、浙江、江西、福建、河南、湖南、湖北、广西、西藏等省份。湖北省竹节参主产于恩施石窑、双河、宣恩椿木营、鹤峰中营及神农架林区，巴东亦有栽培。

三、植物形态特征

多年生草本，高 60 ~ 120 cm 或更高。根茎横卧，呈竹鞭状，肉质肥厚，白色，结节间短，具凹陷茎痕。茎直立，圆柱形，表面无毛，有纵条纹。叶为掌状复叶，3 ~ 6 枚轮生于茎端；叶柄细柔，长 4 ~ 10 cm；小叶通常 5 片，叶片薄膜质，阔椭圆形、椭圆形、倒卵状椭圆形至椭圆状披针形，长 5 ~ 18 cm，宽 2 ~ 6 cm，先端渐尖，稀长尖，基部楔形至近圆形，边缘具细锯齿或重锯齿，上面叶脉无毛或疏生灰白色刚毛，下面无毛或密生柔毛。伞形花序单一，生于茎顶，有花 50 ~ 80 朵或更多，总花梗长 12 ~ 20 cm，无毛或有疏短柔毛；花小，淡绿色，小花梗长约 10 mm；花萼绿色，先端 5 齿尖，齿三角状卵形；花瓣 5 个，淡黄绿色，长卵形，覆瓦状排列；雄蕊 5 个，花丝较花瓣短，花药椭圆形，纵裂；子房下位，2 ~ 5 室，花柱 2 ~ 5 个，中部以下连合，上部分离，果时外弯。核果浆果状，球形或肾形，成熟时红色，直径 5 ~ 7 mm，内有种子 2 ~ 5 粒，白色，三角状长卵形，长约 4.5 mm。花期 5—6 月，果期 7—9 月。

四、生态环境

竹节参一般生长于海拔 100 ~ 2 000 m 的山坡、山谷林下阴湿处或竹林阴湿沟边。竹节参喜肥趋湿，忌强光直射，耐寒且惧高温；适宜生长的气候为亚热带季风气候，产地内山脉纵横，丘陵起伏，夏无酷热，冬无严寒，水热源丰富，年平均气温约 14.8 ℃，无霜期 220 天。中性或偏酸性（pH 值 5.5 ~ 6.5）的土壤为适宜竹节参生长的环境。竹节参着生的土壤为黄棕壤、黄壤和红壤，并以潮土和腐殖土为主，腐殖土厚 5 ~ 30 cm，pH 值 6 ~ 6.8，含水量 16.8% ~ 24.2%，土壤容重 1.39 ~ 2.12 g/m^3，其生长伴生植物群落主要为乔木层、灌木层、草本层，垂直结构较明显。

五、生长周期

竹节参从播种到药材收获需要 6 年时间，其中育苗为 2 年时间，移栽定植栽培为 4 年时间。

六、栽培技术

（一）选地整地

竹节参种植一般选择排水良好、坡度 5° ~ 20° 、地势背风向阳、pH 值为 5.5 ~ 7 的砂质壤土或腐殖质土。熟地栽培前茬以玉米、花生、黄豆等作物为宜。选好地后，荒地于 6—7 月耕翻，熟地于前茬收获后耕翻。犁耙多次，使土块细碎，充分风化，并通过日晒杀死土中部分病菌和虫卵。有条件的地方，可于耕地时铺上一层山草进行烧地处理，增加土壤肥力，并杀死虫卵。最后一次犁耙时，每亩用生石灰 40 ~ 50 kg 均匀撒于地面，耙细整平做畦，畦面呈瓦背形，畦宽 130 cm，高 15 cm，畦间距 20 cm。畦长视地形及栽培管理需要而定。播种前或种植前，每亩施肥 2 500 kg，其中腐熟的农家肥 50% ~ 60%，草木灰 40% ~ 50%，并拌入钙镁磷肥 30 ~ 40 kg，撒在畦面上，翻入表土内。

（二）繁殖方法

竹节参繁殖方式可选择分株繁殖和种子育苗移栽繁殖。

1. 选种及播种

竹节参的一般繁殖方法为就地采籽播种，可于 8 月中下旬在田间选择生长健壮、无病虫害、粒大、成熟早的四年生以上植株果实，采籽，除去果皮，并用 0.3%

高锰酸钾溶液或10%福尔马林溶液浸种10秒，捞出后用清水冲洗，再用湿沙保存，种子与河沙比为1∶4。在保存期内，要注意防止湿沙干燥，一般以湿沙捏之成团，扔之即散为度。保存过的种子在播种前还需要进行精选，将瘦小和保存过程中发生霉变或失水的种子除掉，再用上述方法进行1次消毒处理，即可播种。

竹节参播种方法以撒播为主，播种期为11月中下旬。由于竹节参多在海拔较高的高寒山区栽培，该区一般雪期较早，并不利于播种。过早播种，田间易生长杂草，不利于来年田间管理；过迟播种，会直接影响出苗率及根的生长。具体播种方式为每亩播种量20 kg，将处理好的种子均匀撒在整好的畦面上。播种后盖火土灰，以畦面见不到种子外露为度。肥料必须充分堆积、拌匀、细碎，盖肥厚度约1 cm，厚薄要均匀，以利出苗整齐。

2. 分株育苗

选根茎顶芽清晰且生长良好的母株，然后在带有顶芽根茎上切取2～4 cm长的段。如果没有顶芽，可按根茎芽的痕迹切成每段带有1个芽的段，在苗圃内培育1年，待长芽出苗后再进行林下移栽。

3. 移栽

种子播种的实生苗，要求二年生以上，单株重量5 g以上，作种的根茎栽种前用多菌灵溶液1∶800或甲基硫菌灵溶液1∶800浸泡约45 min后再进行种植，或者在块茎育苗的切口位置蘸上草木灰浆后再种植至林地。选种苗体形自然、根茎相对稍长、健康无病害、无机械损伤、带萌发芽的种苗进行移栽。栽植方法：每年9月上旬至10月底栽植，按行株距20 cm×25 cm栽植，覆土栽紧，覆土深度为3～5 cm。

（三）田间管理

1. 搭棚遮阴

竹节参属于喜阴作物，在强光照射下，易导致叶片发黄，植株矮小，尤其是一年生或二年生参苗在阳光直射下极易枯萎死亡。因此在竹节参栽培过程中，采用人工搭建荫棚，是保证竹节参正常生长的一项基本农业措施。搭建荫棚按6 cm×8 cm×200 cm规格定制钢筋水泥桩，排行3 m，桩距2 m，深度40～50 cm在田间栽桩。排行桩应栽在畦面中间，每隔一畦栽一排，顺畦栽桩，顶部用铁丝按“#”字形固定，内空 150 ~ 160 cm。育苗地覆盖遮阳布，要求荫蔽度 65% 左右，移栽地要求荫蔽度 55% 左右，遮阳布用扎丝与“#”字形铁丝网固定。搭设整体遮阳棚，但要根据地势分段搭设，并留好作业道，四周亦用遮阳布围棚。

2. 苗期管理

幼苗出土后，要及时撤除盖头草，并除草间苗。苗高 3 ~ 5 cm 时，可按株距 6 cm 定苗，并追肥 1 次或 2 次。竹节参的产量与单位面积上的苗数直接相关，在移栽出苗后发现缺苗现象时，应及早采取移苗补苗措施，也可去病换健或去弱补强，以保证苗全苗壮。宜在 5 月中下旬的阴天或傍晚时，选择健壮的同龄竹节参苗带土移栽，栽后浇定根水并加强管理。已进入开花期的植株，不宜再移栽；缺苗严重时，可在冬季叶片黄萎时进行移栽。

3. 除草灌溉

竹节参早春齐苗后，应勤除杂草以保证田园清洁。除草时如发现有裸露于土面的芽苞或根茎，应及时培细土，并适当镇压土面，以保证植株的正常生长。全年除草 4 次或 5 次，经常保持参园清洁，做到早除、除净。雨季过后，结合除草松土 2 次或 3 次。竹节参不耐高温和干旱，所以，高温和干旱季节要勤浇水，始终保持畦面湿润，土壤含水量 25% ~ 40%，园内相对湿度达到 60% ~ 70%。雨季来临时，要疏通好排水沟，严防田间积水，并要注意降低田间的空气湿度。

4. 摘蕾疏花

竹节参留种多选择四年生以上的健壮植株，三年生苗种子一般不能成熟。因此，三年生及不留种的田块，当花序柄长 2 cm 左右时，将整个花序摘除。测试结果表明，摘蕾可使产量提高 20% 左右。留种植株应在 6—7 月结合中耕除草，由于侧花序上的种子一般不能正常成熟，因此，一般通过摘除侧花序、保留主花薹的方式，促进种子成熟和提高种子质量。

5. 防寒越冬

竹节参喜肥趋湿的特性使得其地下根茎横走向上生长，每年增生一节，且芽孢生于根茎顶端，因而易于露出表土。据观察，凡经冬季雨淞，根茎及越冬芽裸露地表面呈现绿色的植株，展叶反而较晚，瘦弱且大部分早衰。为保证地下根茎及芽孢的正常生长和发育，每年越冬前，追施盖头肥，加盖一层厚 5 cm 的防寒土，并于翌年春季出苗前 10 天撤除。

6. 追肥

栽培竹节参每年都要追肥 1 次或 2 次，尽量施用无害化处理有机肥料（如堆肥、沤肥、厩肥、沼气肥、绿肥、饼肥等）及经国家有关部门审批合格的化肥、微生物肥、腐殖质类肥料、叶面肥等。竹节参追肥多用稀释的人畜粪水及磷肥、复合肥等。人畜粪水一般在开花期追施，每亩 2 000 ~ 3 000 kg，花期松土，每亩施过磷酸钙 50 kg，或每亩施复合肥 20 kg，以促进果实成熟或根茎生长。

七、病虫害防治

1. 病害

1）立枯病和疫病

其为苗期和成株期主要病害，发病率在 15% ~ 20%，发病时病叶出现暗绿色水渍状病斑，严重时叶片枯萎，根部受害，造成倒状。

防治方法：以发病前施药为主，施加 0.5% ~ 2% 几丁聚糖或 8% 霜脲、64% 锰锌配置 72% 霜脲・锰锌可湿性粉剂等进行防治；发病时使用 800 倍液代森锰锌或 1∶1∶120 波尔多液喷灌或灌根，或采用木霉、曲霉、粘帚霉、漆斑菌、青霉等生物真菌进行防治，严重时拔除病株，并用生石灰消毒病穴。

2）根腐病

发病时根部腐烂，苗木直立枯死。

防治方法：发病时及时拔掉、清除已经死亡或濒死的苗木，并用甲基硫菌灵液喷灌处理病株；或在发病期，用木霉菌处理土壤及种子，并用多菌灵 600 倍液或 1∶1∶100 波尔多液等进行防治。

3）灰霉病

发病时叶背病部可见灰色霉层，病叶易从叶柄处脱落，还可通过叶柄或直接侵入茎秆造成茎枯，果实受害后病部呈黑褐色湿腐状。

防治方法：发病时以甲基硫菌灵或嘧菌酯悬浮剂或异菌脲可湿性粉剂等进行

防治，发病时施以重寄生菌木霉、粘帚霉等进行防治；或利用生防菌代谢产物的抗菌作用，如芽孢杆菌、荧光假单胞杆菌等进行防治；或喷洒抑菌植物的提取物，如利用丁香的提取物进行防治。

2. 虫害

1）蛴螬

幼虫为害竹节参根部，把参根咬成缺刻和丝网状；幼虫也为害接近地面的嫩茎，严重时，参苗枯萎死亡。成虫为害参叶，咬成缺刻状，影响竹节参的光合作用和植株的正常生长。

防治方法：在害虫产卵期增加松土除草次数，将卵、蛹暴露在土壤表面，使卵、蛹不能孵化、羽化而死亡。人工捕杀成虫，用黑光灯诱杀。成虫发病时施以20% 高效氯氟氰菊酯乳油进行防治。

2）小地老虎

幼虫取食子叶、嫩叶，造成孔洞或缺刻。成虫食植物近土面的嫩茎，使植株枯死，造成缺苗断垄。

防治方法：在幼虫为害盛期，剪除虫茧，人力摘除虫叶，用黑光灯进行诱杀。将糖醋酒按 1∶2∶1 的比例混合，加水稀释后放入塑料盆中，用竹竿做成支架，放置田间诱杀害虫。发病时施以 20% 高效氯氟氰菊酯乳油或 1.5% 阿维菌素水乳剂等进行防治。

八、采收加工

1. 采收

移栽竹节参定植 4 年（即六年生），在 9 月下旬至 10 月上旬地上部茎叶枯萎时采收。收获选晴天进行，将全株挖出土，除去泥沙，剪去茎秆，留根茎，除去须根及芽孢。

2. 加工

将挖回的竹节参根茎，进一步除尽泥土、须根和芽孢，用清水刷洗干净，晾干表面水分后，上炕烘干，烘烤应避免直火，先用文火，逐渐升温，最高温度应控制在 60 ℃以内，并经常翻炕。整个烘干过程约需要 48 h。

九、贮藏养护

置阴凉干燥通风处，防虫蛀。

十、药材性状

竹节参略呈扁圆柱形，稍弯曲，有的具肉质侧根。长 5 ~ 22 cm，直径 0.8 ~ 2.5 cm。表面黄色或黄褐色，粗糙，有致密的纵皱纹及根痕。节明显、密集，节间长 0.8 ~ 2 cm，每节上方有一凹陷的茎痕。质硬，断面黄白色至淡黄棕色，黄色点状维管束排列成环。气微，味苦，后微甜。

十一、质量要求

竹节参以条粗、质硬、断面色黄白者为佳。竹节参质量应符合《中华人民共和国药典》相关规定。

1. 检查

水分不超过 13%（通则 0832 第二法）；总灰分不超过 8%（通则 2302），酸不溶性灰分不超过 2%。

2. 含量测定

照高效液相色谱法（通则 0512）测定。

本品按干燥品计算，含人参皂苷 Ro（$C_{48}H_{76}O_{19}$）和竹节参皂苷 Na（$C_{42}H_{66}O_{14}$）分别不得少于 1.5%。

参考文献

[1] 国家药典委员会. 中华人民共和国药典：2020 年版 . 一部 [M]. 北京：中国医药科技出版社，2020.

[2] 邹宗成，向开栋，黄鹤，等. 玄参规范化生产标准操作规程 [J]. 中国现代中药，2007，9（6）：30–34.

[3] 邹宗成，吴双清，郭杰，等. 玄参新品种恩玄参 1 号的选育 [J]. 湖北农业科学，2011，50（2）：325–327.

[4] 陈浩梁,邹宗成,张宏宇. 玄参贮藏期仓储害虫调查初报[J]. 湖北农业科学，2010，49（1）：89–90.

[5] 邹宗成，向开栋. 底肥种类与栽培方式对玄参产量的影响 [J]. 湖北农业科学，2004（5）:75–76.

[6] DB 42/T 467—2014 中药材 巴东独活生产技术规程 .

[7] DB 42/T 468—2014 中药材 巴东玄参生产技术规程 .

[8] 邹宗成，杨小舰，向开栋，等. 打顶对玄参产量和质量的影响 [J]. 中国现代中药，2009，11（12）：14–15.

[9] 何银生，廖朝林，郭汉玖，等 . 恩施州中药材种植存在问题与对策 [J]. 安徽农学通报，2008，14（19）：21–22.

[10] 李宏玉. 中药材病虫害绿色防控技术的集成应用 [J]. 云南农业,2015（8）：26–27.

[11] 宁红，秦蓁. 柑橘病虫害绿色防控技术 [M]. 北京：中国农业出版社，2009.

[12] 刘艳菊. 药材采收加工及饮片生产基本原则与方法 [D]. 武汉：湖北中医药大学，2020.

[13] 郑志安. 中药材产地加工要点与机械化应用现状[D]. 北京：中国农业大学，2021.

[14] 吴和珍,刘义飞. 湖北省主要中药材栽培技术[D]. 武汉:湖北中医药大学,2020.

[15] 杨继祥,田义新. 药用植物栽培学[M]. 2版.北京:中国农业出版社,2009.

[16] 李世,苏淑欣. 特种经济植物栽培技术[M]. 北京:中国三峡出版社,2009.

[17] 常瑛. 中药材栽培技术与安全利用[M]. 北京:中国农业科学技术出版社,2019.